# 交通管制天气风险预警和对策

田 华 吴晓峰 蔡 岗 宋建洋 孔晨晨 冯 蕾 著

U0333919

气象出版社

China Meteorological Press

## 内容提要

本书介绍了国内外交通天气风险预警、交通管理处置技术现状以及我国恶劣天气交通管制工作情况。在此基础上，结合现有交通安全管理工作实际，介绍了交通管制天气风险预警指标体系构建思路和成果，并对交通管制天气风险预警管理和对策建议进行了阐述。本书对开展公路交通气象风险预警技术研究，探索建立面向交通管理部门的公路交通气象风险服务业务，更好地发挥气象信息对交通安全的保障作用具有参考价值，适合气象、交通及相关领域的科研、业务人员和高等院校师生阅读。

## 图书在版编目（CIP）数据

交通管制天气风险预警和对策 / 田华等著 . -- 北京：气象出版社，2019.10
ISBN 978-7-5029-7064-2

Ⅰ．①交… Ⅱ．①田… Ⅲ．①交通管制—天气警报
Ⅳ．① P457

中国版本图书馆 CIP 数据核字（2019）第 224118 号

Jiaotong Guanzhi Tianqi Fengxian Yujing he Duice
交通管制天气风险预警和对策

田华　吴晓峰　蔡岗　宋建洋　孔晨晨　冯蕾　著

---

| | | | |
|---|---|---|---|
| **出版发行**：气象出版社 | | | |
| **地　　址**：北京市海淀区中关村南大街 46 号 | | **邮政编码**：100081 | |
| **电　　话**：010-68407112（总编室）　010-68408042（发行部） | | | |
| **网　　址**：http://www.qxcbs.com | | **E-mail**：qxcbs@cma.gov.cn | |
| **责任编辑**：刘瑞婷 | | **终　　审**：吴晓鹏 | |
| **责任校对**：王丽梅 | | **责任技编**：赵相宁 | |
| **封面设计**：博雅思企划 | | | |
| **印　　刷**：北京中石油彩色印刷有限责任公司 | | | |
| **开　　本**：710mm×1000mm　1/16 | | **印　　张**：7.25 | |
| **字　　数**：130 千字 | | | |
| **版　　次**：2019 年 10 月第 1 版 | | **印　　次**：2019 年 10 月第 1 次印刷 | |
| **定　　价**：39.00 元 | | | |

---

# 前　言

气象条件对交通运输的影响越来越广泛，尤其是气候异常导致极端天气气候事件频繁发生，大范围的恶劣天气和局地灾害性天气对交通运输造成了巨大的经济损失，甚至严重威胁着人民的生命安全。低能见度、大雾、道路结冰、暴雨、暴雪、沙尘等恶劣气象条件及其引发的次生灾害，是引发交通事故的重要因素之一。据不完全统计，2008 年以来，由于天气因素而造成的公路交通事故约占事故总数的 60%～70%，其中有 40% 的高速公路交通事故、70% 的重特大交通事故和 65% 的直接经济损失发生在恶劣天气条件下。另据 2003—2007 年我国公路交通事故统计年报的数据显示，在雨、雪、雾天气条件下，高速公路事故死亡人数占总数的 16.9%，高于所有事故平均水平 6.3 个百分点。

中国气象局联合交通运输部于 2005 年开展了公路交通气象预报预警服务工作，同时，针对公路交通高影响天气、交通气象灾害预报预警技术方法以及应急减灾对策等开展了一系列的研究，在保障公路交通安全畅通方面发挥了重要作用。公路交管部门是公路交通安全的主要管理者，也是公路交通气象服务的主要需求者。随着我国高速公路的迅猛发展，面向交通管理部门的交通安全气象保障服务需求也越来越高，需从传统的气象要素预报向天气影响及风险预警转变，才能科学地给出交通气象灾害在何时、何地、以何规模给公路交通带来的可能影响，更有效地为交通防灾减灾和安全运行管理提供帮助。

本书回顾了国内外交通天气风险预警和交通管理处置技术现状，介绍了面向交管部门的降水、雾、风、高温等天气风险预警指标体系构建思路、方法以及相应的管制对策建议。全书共分为 6 章：第 1 章简要阐述了我国交通事故主要特征，重点介绍雾、雨、雪、风等恶劣天气对交通安全和运行方面的影响机理；第 2 章回顾了国内外交通天气风险预警技术研究现状，对比国内外交通天气风险预警技术差距；第 3 章回顾了国内外交通安全管理处置技术现状，对比国内外交通安全管理处置技术差距；第 4 章概括介绍了交通管理部门针对恶劣天气实施交通管制的主要内容和工作流程；第 5 章重点介绍面向交通管理部门的天气风险预警指标构建思路和方法，综合考虑天气、道路特征及车流量等因素给出了雾、雨、雪、冰冻等恶劣天气的具体预警分级指标；第 6 章介绍了交通管制预警管理和对策建议。本书由中国气象局公共气象服务中心和公安部交通管理科学研究所联合编写，全书由田华统稿。

希望本书能为气象部门深入开展更具针对性、更为专业化、更加精细化的公路气象服务提供技术支撑，有关内容对于开展交通气象灾害风险预报预警有借鉴意义，也有助于交通管理部门制定更有针对性的预防措施，最大程度减轻和避免气象灾害造成的损失。本书内容浓缩了气象部门和交通管理部门应对恶劣天气的相关业务经验和科研成果。因编写时间仓促，且作者水平有限，书中难免有疏漏、不足之处，恳请专家、同仁和广大读者批评指正。

作者

2019 年 5 月

# 目　录

# 第1章　恶劣天气对交通的影响

　　作为现代化交通运输的重要组成，我国高等级公路近年来得到快速发展，公路通车里程和车流量处于高速增长期，在为社会带来效益的同时，也对道路交通安全畅通提出了更高要求。现代公路交通运输对气象条件高度敏感，特别是在全球气候变化的背景下，大雾、冰冻雨雪、强降水、高温热浪等灾害性天气频发，对高速公路交通的高效性和安全性造成了严重影响，所引发的重特大交通事故也在社会上引起广泛关注。本章介绍了国内高速公路交通事故主要特征，并分别从道路安全和道路通行两个方面，阐述雨、雪、雾等恶劣天气对公路交通的影响机理。

## 1.1　国内高速公路交通事故主要特征

　　高速公路是全封闭、多车道、具有中央分隔带、全立体交叉、集中管理、控制出入、多种安全服务设施配套齐全的高标准汽车专用公路。20世纪90年代以来，我国高速公路建设快速发展，截至2017年年底，通车里程已达到13.65万km，高居世界第一。然而，高速公路在发挥巨大社会经济效益的同时，交通拥挤、交通事故、环境污染等多种交通问题越来越受到社会关注，尤其是恶劣天气下的交通事故已成为威胁人民生命财产安全的重要因素。根据美国国家公路交通安全管理局统计，超过22%的交通事故是由恶劣天气引起的。

　　从公安部最近五年（2013—2017年）的交通事故数据来看，高速公路交通事故中恶劣天气占比近两成，15%的重特大事故和21%的直接经济损失发生在恶劣气象环境中，而且有以下几个主要特征。

## 1. 交通事故高发，其中恶劣天气影响较大

2013—2017 年，我国机动车保有量增长 1.3 倍，高速公路里程增长 1.3 倍，达到 13.65 万 km。年均交通事故 8500 起左右，属于事故高发，其中恶劣天气事故占比始终维持在 20% 左右（图 1.1）。

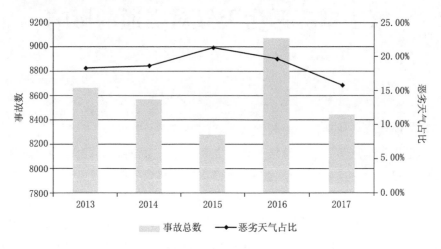

图 1.1  高速公路交通事故与恶劣天气占比

## 2. 重大事故中恶劣天气比例呈上升趋势

近年来，我国高速公路重大事故占全国重大事故的比例始终处于高位并整体呈上升趋势，平均占比达 34%，其中恶劣天气占比始终维持在 10% 左右（除 2014 年），2017 年呈突增态势（图 1.2）。恶劣天气死亡人数占死亡总人数的比例近两成。

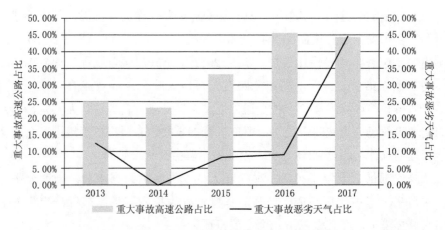

图 1.2  重大事故中恶劣天气占比

从以上交通事故中恶劣天气的比例来看，由于大部分省份的高速全年恶劣天气天数平均比例都在 50％ 以下，因此，实际上恶劣天气发生交通事故的比例相当高。

3. 恶劣天气成为高速公路重特大交通事故重要诱因

高速公路修建一般都在较为偏远的城市外围，线路长、区域跨度大。受我国地形和气候特征差异大的影响，恶劣天气出现频繁而且变化无常，高速公路可能某区段出现大雾、团雾，而另一区段则是晴空万里。很多客流，包括大中型长途客车基本都会走高速，因此，恶劣天气对高速公路的交通安全的影响就尤为重大，已经成为高速公路重特大交通事故的重要诱因。例如：

2017 年 7 月 6 日，广河高速公路惠州龙门段，一大客车在暴雨天气下失控与中央隔离护栏发生剐撞，造成 19 人死亡、31 人受伤。

2016 年 12 月 2 日，湖北鄂州市华容区葛庙公路，一小型客车因大雾操作不当驶出路面，造成 18 人死亡、1 人受伤。

2015 年 6 月 26 日，宁芜高速安徽芜湖段，一大型客车在阴雨天气下碰撞护栏后与一重型货车相撞，造成 12 人死亡、26 人受伤。

2013 年 2 月 19 日，湖北恩施建始县官店镇红二线段，一中型客车因冰冻天气路面湿滑翻滚至山坡，造成 10 人死亡、9 人受伤。

# 1.2　恶劣天气对交通安全的影响

交通事故往往是两种或多种因素共同作用的结果，但在事故处理现场只能确定其中一种作为主要原因，而其他因素往往被忽视。在分析交通事故时，最简单的做法是将事故的原因归罪于驾驶人，认为驾驶人对其他综合因素的变化应立即有所反应，并且在某种程度上应预见到、并用相应的方式减弱这些因素变化的影响，力求确保安全行驶。但是，这种看法太过苛刻，且其论据是不足的。人与自动化的调节系统不同，是没有程序设计的反应系统。在有限的时间内，驾驶人要直观地根据眼前出现的复杂情况判断应对的可能方案，这时他的神经处于高度紧张状态，可能因犯错误而出事故。在疲劳的情况下，事故的可能性与数量更是会增加。考虑到这些情况，在那些统计的道路交通事故原因中，诸如过高的车速、不正当的超车、不正当的转弯、夜间不良的视距等发现，除个别事故是由于驾驶人粗心驾驶汽车以外，大部分驾驶人出事故的原因是由于困难的行驶条件引起的，而困难的行驶条件则与外部环境密切相关。如果驾驶人稍稍放松注意力，就会引起道路交通事故，而恶劣天气是改变道路交通条件的一项重要影响因子。

1. 恶劣天气对驾驶人的影响

恶劣天气对公路交通参与者来说主要是对驾驶人产生影响，影响内容包括感觉、知觉、视觉、反应时间、注意力、疲劳等，其中视觉和反应时间是主要因素。恶劣天气通过能见度的变化，造成视力水平和视力适应能力的下降，进而增加驾驶人反应时间，影响人的判断与知觉能力。

Snowden 等（1998）根据实验室仿真认为雾天条件下驾驶人会低估车速，在适应环境中会下意识地提高车速。在反应时间和驾驶行为上，张后发等（2002）在研究安全车速时认为浓雾环境中驾驶人的反应时间将增加 0.6 s 左右。徐济宣，吴纪生（2009）研究了能见度、眩光强度、路面亮度等道路环境与驾驶人反应时间的关系，结果表明驾驶人的反应时间随眩光强度增强、路面亮度减少而增加。胡江碧等（2011）针对晴天、中雨、中雨＋雾（能见度 100 m）和中雨＋雾（能见度 50 m）等 4 种不同驾驶条件，以心率变异性（HRV）为指标研究了驾驶人驾驶工作负荷特性，发现驾驶工作负荷随天气条件的恶劣程度增加，其中能见度的影响最大。

从公安交管部门掌握的情况来看，恶劣天气会对驾驶人交通特性产生不良影响，主要原因有以下几个方面。恶劣天气尤其是雨、雾天气，直接导致驾驶人的视觉、听觉障碍，不能做出正确的判断，无法提前、准确地采取针对性措施；部分驾驶人未经系统的公路行车知识教育，不具备特殊天气下的驾驶能力，对危险性估计不足，在特殊天气条件下驾驶车辆，遇有紧急情况，手忙脚乱，不知所措；驾驶人交通法制素质不高，不能依法遵章行驶，恶劣天气条件下超速、超载等违法行为屡禁不止。

2. 恶劣天气对车辆的影响

恶劣天气对车辆的影响主要存在于动力性能和制动性能方面。雨、雪、风等天气会降低路面摩擦系数，损害车辆可操作性和稳定性，对车辆的加减速能力、转弯半径的影响最为突出。

车辆的停车视距与摩擦系数（或附着系数）有密切关系，当摩擦系数降低时，相同车速的车辆需要以更长的距离来制动停车。在摩擦系数研究方面，美国公路管理局 FHWA（Federal Highway Administration）于 1977 年提供了 1 张 7 级的天气分类表，按严重程度升序排列从 1 到 7，给出每种模式下的路面条件描述和导致的车速降低程度（0～42%）。大风产生的气动侧向力会使车辆在行驶过程中产生不可控制的侧向移动，容易造成交通混乱和事故。恶劣天气条件下车辆行驶困难，一是制动性能降低，使刹车偏重或者距离过长，易造成车辆偏向位移或车体失衡侧翻、惯性前移追尾；二是雨、雪、雾等天气使机动车灯光照明距离减小，特别是有些货车雾灯损坏，尾灯亮度不够，在恶劣天气条件下行驶，既不能保证自身行车的安全，也不能为后车安全行驶传递有效信息；三是轮胎防滑能力降低，恶劣天气条件下行驶，易导致车辆侧滑、侧翻、旋转或追尾事故；四是货车严重超载，恶劣天气条件下使其安全性能极度下降，遇有特殊情况，转向困难，制动距离加长，极易引发交通事故。

3. 恶劣天气对道路的影响

恶劣天气对道路的影响主要是通过道路行车条件（能见度、路面摩擦系数等）表现的。例如雨、雪天，路面积水、结冰，降低了路面的摩擦系数，运行中的车辆在制动、紧急加速或者是转弯时，惯性易导致车辆侧滑、侧翻、旋转，引发交通事故，同时，暴雨冲刷路基可能会引发塌方、滑坡等次生地质灾害，对公路行车安全和通行造成影响；大雾天气，道路能见度低、视线差，运行中车辆如果不能有效控制车速与行车间距，极易引发追尾，甚至连环追尾事故；大风天气，车辆行驶阻力或侧向影响增大，特别是横风，影响行车稳定性，使车辆操作性、控制性变差，特别表现在超车过程中，两车之间容易形成气流干扰，影响车辆行驶的稳定性，造成交通事故；冰冻天气情况下会影响路面质量，容易导致路面开裂、起包等问题。

根据以上分析，可以得到恶劣天气对交通事故的影响机理如图 1.3 所示。

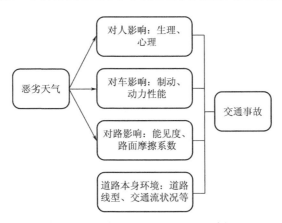

图 1.3　恶劣天气对交通事故的影响机理

## 1.2.1 雾

雾对高速公路交通安全的影响主要体现以下三个方面。

1. 降低能见度

雾天能见度低，视线障碍大，驾驶人可视距离大大缩短，由于景物、交通标线及前后车辆难以辨别，使驾驶人容易判断失误，导致前后车追尾。同时，雾会使光线散射并吸收光线，致使物体亮度降低，影响驾驶人观察。按照我国公安部规定：能见度小于 50 m 时，有关部门可采取局部或全部封闭高速公路的交通管制措施。如果高速公路没有达到关闭的天气条件，雾天行驶的车辆也要根据能见度的不同，采取不同的行驶措施，以保障行车安全。

2. 降低路面摩擦系数

大雾天气空气湿度大，路面潮湿，车轮容易打滑，制动距离增加，而此时驾驶人往往会忽略这一影响，引发交通事故。

3. 造成驾驶人心理紧张

雾天驾驶人的情绪易受到波动，由于自知此时很难正确判断，心理压力增大，易因紧张采取不当措施而引发交通事故。尤其需要强调的是团雾天气条件，此时雾的分布往往不均匀，有时在一个路段上能见度好，视线相当明朗，而在另一个路段却大雾弥漫，高速行驶的车辆突然进入大雾区，驾驶人会感到视觉突然变暗，有些驾驶人不能适应视力的突然变化，便会产生一种恐慌感，从而引发交通事故。

## 1.2.2 雨

在诸多不良天气条件中，降雨因具有常见性、突发性、局部性，极易导致驾驶人对车辆周围多目标观察产生错觉，对车辆性能、道路性能具有重要影响。降雨环境对机动车交通安全影响十分复杂，不仅对驾驶人视觉、知觉反应能力、环境感知能力、注意力集中程度产生影响，还容易使驾驶人产生焦躁情绪，影响车辆速度、车辆制动强度、转向盘转角和加速度；同时，还会导致道路摩擦系数、平整度、排水性、水膜厚度等产生变化。总体来说，雨对高速公路交通安全的影响主要体现在路面摩擦系数和能见度两个方面。

1. 降低路面摩擦系数

降雨会在路面生成一层很薄的潮气或者水膜，改变路面状况，降低路面的摩擦系数，导致车辆制动性能减弱，危险性增加。汽车在积水的路面行驶时，轮胎一边排开路面上的积水，一边向前滚动。随着车速增加，轮胎实际接地面积逐渐减小，而被水膜隔开的面积逐渐增加；当达到一定车速时，卷入轮胎下面的水压力与轮胎的载荷相平衡，轮胎与路面完全失去接触，在积水路面上向前滑动，形成水膜滑溜。发生水膜滑溜现象时，汽车轮胎完全不能承受侧滑力的作用，使方向失控，很容易引起车的横向滑移、滑溜、失控甚至翻车，对行车安全造成极大的安全隐患。研究表明，普通轿车出现水膜滑溜现象的临界车速约为 $78 \sim 90$ km/h。实际条件下，雨天路面的摩擦系数还不到干燥铺装路面的一半，如图 1.4 所示。

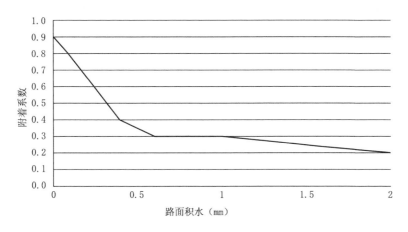

图 1.4 路面积水状况与附着系数

降雨环境使路面摩擦系数降低，对车辆制动效果的影响也较大，水膜厚度也会对车辆的制动效能和抗水衰退性产生影响。使车辆减速的地面制动力不但与制动器制动力有关，还受地面附着力的制约。当地面潮湿时，新铺设沥青路面的附着系数将由 $0.75 \sim 0.8$ 降为 $0.65 \sim 0.7$，而磨损沥青路面的附着系数将由 $0.45 \sim 0.65$ 降为 $0.4 \sim 0.6$。这对车辆制动效能将产生很大影响。而当雨水进入制动器后，短时间内制动效能将会降低，产生水衰退性，影响车辆制动能力。并且，路面制动距离随车速的增加而增加，相同车速下湿润路面的制动距离明显大于干燥路面，干湿路面间的制动距离差逐渐增加，即湿润路面制动距离变化大于干燥路面。

由于浮土等污染物存在，哪怕微量降雨对交通安全的影响也不容忽视。微量降雨时路面上会覆盖一层湿土，使得轮胎与路面之间不能良好接触，此时路面的摩擦系数是最低的，许多驾驶人没有意识到如此少量的潮湿层可能带来的危险性，仍以常速行驶而发生交通事故。

雨后部分路面有积水或干湿不一，路面摩擦系数不均匀，车辆制动性变化较大，驾驶人很难确定路面湿滑状况，造成判断失误，诱发风险。同时积水面在灯光的照射下会产生炫目反光，夜间行车易导致驾驶人视觉疲劳，注意力不集中而产生危险。

2. 降低能见度

雨滴成线，路面积水溅散，使得驾驶人水平能见度降低，视野不开阔，影响道路标志标线或车间距的辨识，尤其是强降水天气，刮雨器常常不能及时刮尽挡风玻璃上的雨水，而视线触及的范围也因雨刮器的滑动而受到限制。统计数据表明，当降雨强度达到中雨，能见度降到 1000 m 以下，车辆行驶开始受影响。

另外，降雨引发的公路边坡塌方、滑坡、泥石流等次生灾害也会对交通通行安全造成严重影响。

## 1.2.3  雪

雪对高速公路交通安全的影响主要体现在能见度和路面摩擦系数。

降雪形成的路面积雪，经过车辆反复碾压形成雪面，会极大降低路面摩擦系数。研究表明，冰雪天气下，路面附着系数仅为正常干燥路面附着系数的 1/8 ～ 1/4，车速越高，车辆制动距离越大，对行车安全威胁越大。

微量降雪对路面的影响低于其他降雪天气，但交通事故率却无明显差别，相反重大交通事故还略有增加，这可能与驾驶人的重视程度有关。中雪以上天气形成的路面积雪，持续时间可达 3 ～ 5 d，并且很容易由雪面变成冰面，危害性更大。

积雪的厚薄不同，对交通的影响也不一样。一般积雪厚度 5 ～ 10 cm 时，路面湿滑，容易发生交通事故，车辆行驶速度也明显降低；积雪厚度 10 ～ 20 cm 时，车辆将行驶困难，甚至发生交通阻塞；积雪厚度 > 20 cm 时，则不能行驶。路面积雪被压实后，路面摩擦系数类似于冰面，严重影响交通；路面积雪且白天温度较高时，在阳光照射下雪面融化，夜间路面结冰，极易发生交通事故。雨夹雪天气出现时，路面比普通雨雪天气出现时的路面更滑，地面温度低于 0 ℃时，路面会形成冰面，严重影响车辆安全行驶（刘玲仙等，2007）。

## 1.2.4  风

大风天气使车辆行驶阻力增大，增加车辆负载，影响行车稳定性。在这种天气条件下，人们如乘坐自行车或摩托车等无挡风设施的敞开式交通工具出行时，骑车人经常会因尘沙进入眼睛或大风对帽子、头盔、衣物的干扰而分散注意力。同时，受大风影响，骑车人容易偏离本方线路左右摇晃行驶，易与机动车发生碰撞。而对于平直高速公路上高速驾驶的汽车，若前方车辆（如货车）上的货物被风吹落、道路两侧树木被风吹折断或空中悬挂物如电线、电缆设施等突然掉落，往往会使驾驶人准备不足，来不及采取措施而容易撞上撒落的障碍物，造成交通事故。此外，大风天气对行车安全的影响还表现在超车过程中，当高速行驶的车辆在超越前方大型车辆时，两车之间容易形成气体对流干扰现象，影响车辆行驶的稳定性而造成交通事故。大风天气对高速行驶的高架货车和大型客车的影响更为显著，当车辆迎风行驶时，车身易发生摆动；当风从车辆侧面刮来时，转弯时方向盘不易控制，高速行驶的高架货车和大型客车车身发生倾斜，严重时甚至发生车辆颠覆事件（严玉彬，姬社英，2008）。

## 1.2.5 路面结冰

路面结冰对高速公路交通安全的影响主要体现在路面摩擦系数和路面结冰覆盖率。

### 1. 路面摩擦系数

路面结冰对行车安全的影响很大，结冰路面比雨天湿润路面摩擦系数更低，很容易造成整车失去控制，导致侧滑、甩尾失控，从而导致交通事故发生。并且结冰路面在强光照射下，产生眩光，使驾驶人视力下降，成为安全行车的潜在危险。

### 2. 路面结冰覆盖率

一般认为，全路结冰时，驾驶人高度警觉，行车速度缓慢，发生严重交通的概率较低，但轻微事故如追尾、剐蹭等较为频繁；而在路面不完全结冰时，驾驶人很容易对路面结冰情况估计不足而发生事故，并且驾驶人想尽快摆脱此种情况，容易出现鲁莽行为，引发较为严重的交通事故。

## 1.2.6 高温

高温天气对道路交通安全的影响表现在：一是驾驶人容易疲劳瞌睡，影响行车安全，炎热天气下人的睡眠质量低，经常睡眠不足容易疲劳打瞌睡，尤其是在驾驶室里，由于闷热或通风不良，驾驶人容易精神不振、反应迟钝、动作不灵活、注意力不集中，加上高温炎热，人们在行车、走路时容易情绪急躁，易引发交通事故；二是在平直的高速公路上行驶时，由于道路平坦舒适，道路两侧交通设施整齐统一，驾驶人坐姿固定，受外界干扰小，驾驶技术单调，注意力高度集中，高温环境更容易引起疲劳；三是在高温条件下，沥青路面由于高温曝晒容易变软变滑，使车轮与路面间的摩擦系数降低，附着力减小，车辆制动力下降，容易使车辆制动失效；四是在高温条件下高速行驶时，车轮由于高温和高速运转摩擦的双重作用，容易发生软化而产生爆胎事故；五是在高温条件下运行时，由于高温高压作用，还会引起机动车发动机"开锅"、润滑系统工作不良、机件受损等机械故障以及油电路故障而发生火灾等事故。

综上所述，恶劣天气对车辆行驶的影响主要是由于天气因素导致的能见度降低、路面附着系数降低等原因所致。因此，及时准确地掌握天气状况及其恶劣程度，采取相应的安全控制措施，对有效保障高速公路行车安全至关重要。

# 1.3　恶劣天气对交通运行的影响

恶劣天气条件对高速公路安全行车的影响，必然会造成高速公路通行能力降低，如果安全控制措施不当，高速公路就会形成拥挤或中断；为保证行车安全，预防交通事故的发生，有时会采取封闭高速公路的措施，给沿线地区和公路管理部门等带来重大经济损失。

　1.　高速公路交通拥挤及中断

恶劣天气下高速公路交通拥挤及中断按形成原因主要分为两类：一类是受恶劣天气的影响而使道路通行能力降低带来交通拥挤，极端恶劣天气情况下甚至关闭道路中断交通；另一类是因恶劣天气造成交通事故而关闭某个车道或全部车道。交通拥挤及中断所带来的危害往往不为人们所重视，因为它产生的影响通常是间接的，但对社会带来的危害却是不容忽视的。首先，它会带来时间及能源资源的耗费，高速公路上发生交通拥挤时，车辆运行速度低，甚至发生堵塞，大大延迟了通行时间，造成时间的大量耗费。同时，车辆的低速运行和间歇性的制动、启动使车辆的耗能增加，这降低了高速公路的运输效率，给客、货车辆运营带来极大的经济损失。

　2.　经济损失

近年来，无数由恶劣天气引发的交通事故已经说明了其对高速公路交通安全有着极其严重的影响作用。恶劣天气引发的事故不仅导致车毁人亡，直接带来生命财产的巨大损失；且事故处理期间，干扰高速公路交通的正常运行，带来通行费损失。另一方面，交通延误也会带来巨大的社会效益损失；即使没有交通事故发生，因高速公路的通行能力明显降低甚至关闭道路，给沿线地区和高速公路管理部门等带来重大效益损失。

### 3. 高速公路路面损坏

高速公路上由于恶劣天气侵蚀会对高速公路路面产生严重的损耗，影响路面质量，加速缩短路面使用寿命。并且为了减少冰、雪对高速公路行车安全的影响，降雪后，往往采取撒盐的方法清除冰雪，虽然清除冰雪快速且彻底，但会使路面受到侵蚀而表面剥落，对公路路面造成损坏。

总的来看，气象对交通安全产生的影响主要表现在能见度和路面摩擦系数两方面，另外，还有风力影响车辆行驶稳定性、高温天气造成高速行驶车辆轮胎爆胎等情况。因此，在制定交通管控措施时，需侧重对影响能见度和路面摩擦系数的气象条件进行分析，分析关注的天气类型，达到管控条件的气象影响结果，同时在管控时充分考虑减少拥堵、除雪剂和撒盐对交通运行的不利影响，为后面制定气象风险预警指标提供依据。

# 第 2 章　国内外交通天气风险预警研究现状

　　与以应急救灾为主的灾后管理模式相比，开展有效的早期预警及风险管理可以更好地预防和减轻灾害损失。公路交通运输受多方面因素影响，其中气象条件的作用越来越被重视。探究两者之间的相关关系，开展基于道路通行及交通事故影响的气象风险预警研究也逐渐成为全球政府部门及学术机构的关注重点。交通气象在荷兰、美国、加拿大等发达国家起步较早，现已在综合天气特征、交通流状况、路面状况等多种因素的风险影响预报研究中取得确定性成果。我国起步则相对较晚，但在需求的推动下，近年来在恶劣天气及可能引发的次生灾害对公路交通安全管理、通行条件、公路损毁等方面的影响评价与风险评估中取得了快速进展。总的来说，交通天气风险预警研究已成为积极防御与应对灾害性天气对公路交通运输影响的科学基础。

## 2.1　国外交通天气风险预警技术研究

　　国外交通天气风险预警研究主要侧重于恶劣天气对交通通行和交通事故方面。对交通事故的影响研究早期主要以天气和交通事故的统计关系分析为主。如Schlösser（1976）研究了荷兰国道上的雨天事故规律，结果表明随着抗滑值的下降，事故率呈指数型增加。Burchett 和 Rizenbergs（1982）在美国肯塔基州进行了雨天事故研究，分析结果表明路面摩擦力的降低会使交通事故显著增加，而用线形相关拟合交通事故与抗滑能力之间的关系相较其他函数拟合具有更好的效果。Sherretz 和 Farhar（1978）对美国南伊利诺伊 7 市的交通气象数据研究发现，降雨量和交通事故数之间存在正线性关系。Edwards（1996）利用威尔士和英格兰与天气有关的交通事故数据，计算了晴朗天气和雨天的交通事故空间分布及其严重性。Eisenberg（2004）采用负二项回归方法研究分析了日降雨和月降雨与交通事故关系。加拿大 Suggett（1999）利用高速公路结冰、降雪条件下的交通事故率进行了研究，指出冰雪路面条件下的交通事故率为正常天气条件下的 2 倍，其中高达 70％的交通事故可能会引发伤亡。此外，为改进气象观测站降水资料空间分布和代表性不足问题，一些学者采用雷达估测降水数据开展了降水与交通事故关系研究。如 Jaroszweski 和 Mcnamara（2014）利用气象雷达估测降雨量研究降雨对交通事故的影响，并与常规气象站观测雨量结果进行了对比分析。Tamerius 等（2016）使用天气雷达和温度数据评估降水和降水类型对交通事故的影响，研究表明温度和降水类型微小变化会对事故率产生很大的影响。

对交通通行的影响评估主要利用气象、交通观测数据，使用统计方法分析评估天气对通行能力折减、交通流量以及行使速度的影响情况。如 Jones 等（1970）、Prevedouros 和 Chang（2004）对交通和气象数据进行研究，发现雨天高速公路通行能力会下降。Ries（1981）利用美国 I-35w 公路交通数据，对比分析冰雪天气和正常天气下公路通行能力变化情况，结果表明，极其微量的降雪可以使得公路的通行能力下降 8％左右；并且随着降雪量每增加 0.254 mm/h，公路的通行能力便会随之减少 2.8％左右。Knapp 和 Smithson（2000）利用回归分析发现至少持续 4 h、总累积 2 cm 的冬季风暴事件导致美国爱荷华州的交通量减少，幅度从 16％到 47％不等。Datla 和 Sharma（2008）将寒冷和降雪与加拿大阿尔伯塔省的交通量联系起来，发现影响随道路类型的不同而不同。Call（2011）研究了美国纽约州西部的积雪与交通量的关系，得出积雪与交通量呈中度负相关。Keay 和 Simmonds（2005）研究墨尔本城市主干道交通量与降雨及其他天气变量的关系，得出了不同季节潮湿天气下的交通量减少值，最大下降幅度为 3.43％。Maze 等（2006）对雪天道路交通流量与风速及能见度的关系进行了研究，发现在较高能见度和低风速下流量减少 20％，而在能见度低于 0.4 km 且风速在 64 km/h 时减少 80％，事故率会增加 25 倍。Hassan 和 Barker（1999）通过对苏格兰洛锡安区异常季节或恶劣天气对交通活动的影响研究，发现恶劣天气下平均交通量减少比例在 5％以内，但路面有积雪时减少幅度可达 10％～15％。Ibrahim 和 Hall（1994）对雪天数据采用虚拟变量多元回归分析，得出小雪使得速度降低 3％～5％，大雪使得速度降低 30％～40％的结论，还分别计算了不同降水类型及强度下自由流车速和拥挤条件下车速的降低程度。Kyte 等（2001）收集了乡村地区州际公路上卡车交通流数据以及天气数据，研究了湿路面、有雪覆盖路面、风速在 24 km/h 和能见度小于 0.28 km 条件下车速降低的结果。

国外许多国家和地区制定了低能见度下的安全运行车速，但各自的运行车速之间存在较大的区别，如美国各州制定的低能见度下安全运行车速情况（表 2.1～表 2.3）不尽相同：犹他州对能见度 < 60 m 的情况只要求限速 40 km/h，而阿拉巴马州要求能见度 < 53.3 m 就必须关闭高速公路。由于大部分国家和地区在说明安全运行车速合理性时缺乏足够的理论依据，使得道路管理部门执行控制措施时显得犹豫不决，并在大部分情况下采取一有雾发生就关闭公路的保守做法。

表2.1　阿拉巴马州车速管理对策

| 能见度（m） | 提示信息 |
| --- | --- |
| <274.3 | 有雾，慢行，限速104.5 km/h |
| <201.2 | 有雾，慢行，限速88.4 km/h |
| <137.2 | 有雾，慢行，限速72.4 km/h |
| <85.3 | 浓雾，慢行，限速56.3 km/h |
| <53.3 | 道路关闭，车辆改道 |

表2.2　犹他州车速管理对策*

| 能见度（m） | 提示信息 |
| --- | --- |
| 200～250 | 薄雾，正常行驶 |
| 150～200 | 浓雾，限速80 km/h |
| 100～150 | 浓雾，限速65 km/h |
| 60～100 | 浓雾，限速50 km/h |
| <60 | 浓雾，限速40 km/h |

表2.3　华盛顿州车速管理对策

| 天气状况 | 路面状况 | 控制策略 |
| --- | --- | --- |
| 小雨或中雨、能见度>800 m | 干燥或潮湿 | 车速<104.5 km/h（65 mph） |
| 大雨或雾、能见度<320 m | 泥泞或有冰 | 车速<88.4 km/h（55 mph） |
| 大雨或雪、飞雪、能见度<160 m | 浅的积水、雪或冰覆盖 | 车速<72.4 km/h（45 mph） |
| 雨夹雪、大雨或大雪、能见度<160 m | 深的积水、深的积雪或融雪 | 车速<56.3 km/h（35 mph） |

---

　*　等级划分标准：等级数值划分区域包含小值，不包含大值，全书同。

　　澳大利亚、芬兰、瑞典、德国和美国的科罗拉多、明尼苏达和密西根等州现行的大部分可变限速标志在灾害性天气下都简单地以速度值的 85% 或是平均行驶速度作为控制车速标准。美国的亚利桑那州使用模糊控制规则来计算适宜于某一时间、某一地点天气条件和道路表面情况的安全运行车速。系统将输入参量和输出参量进行分类，划分为安全、不确定和危险三个等级。例如，如果路面情况为结冰则表示危险；如果能见度情况为中等则表示为不确定；如果能见度良好则表示安全。合适的控制速度将通过创建的模糊规则和平均加权方法进行。一般遵循的原则如下：

（1）如果输入条件均为安全，则使用最大限速值；

（2）如果存在一个以上的不确定条件，速度降低 10 mph*；

（3）如果存在一个危险条件，速度降低 20 mph；

（4）最低速度为 35 mph，在紧急情况下，也可限制最低速度为 15 mph。

　　交通事故是人、车、路、环境因素综合影响的结果。20 世纪以来，政府和学术界逐渐认识到以应急救灾为主的灾后管理模式已经难以应对当前和未来不断增大的灾害风险，开展有效的灾害风险管理（灾前管理）是预防自然灾害、减轻灾害损失的重要途径。为此，公路交通气象服务也应从传统的灾害预报向灾害风险预警转变，科学地给出交通气象灾害在何时、何地、以何规模给公路交通带来的可能影响，才能更有效地为交通部门防灾减灾和安全运行管理提供技术支撑。研究者（Steenberghen 等，2004；Erdogan 等，2008；Effati 等，2012；Agarwal 等，2013）利用交通事故数据、GIS 技术，运用核密度分析法、泊松分布法、层次分析法等多种方法开展了不同道路路段的危险性研究。此外，考虑路、车、环境等因素综合作用的交通气象风险评估工作也逐步开展。如欧洲委员会第 7 次框架计划资助的 EWENT（Extreme Weather impacts on European Networks of Transport）项目（Michaelides 等，2014），研究了强风、暴雪、强降雨、高温、寒潮等极端天气对于欧洲交通系统的危害影响等级和阈值，并使用风险指数评估了未来欧洲不同气候区域内的交通气象风险。风险指数表征为恶劣天气的发生概率和交通脆弱性的乘积，其中，交通脆弱性是暴露性（以交通流量和人口密度表征）、敏感性（以基础设施质量级别即道路抗灾能力表征）、应对能力（以人均 GDP、购买力表征）的综合函数。英国（Hemingway 等，2014）自然

---

＊　1 mph ≈ 1.609 km/h

灾害研究计划（Natural Hazards Partnership，NHP）研发道路车辆倾覆概率模型（Vehicle Over-Turning，VOT），模型使用阵风致车辆倾覆阈值等级、主要道路位置、海拔等相关参数以及阵风风速风向预报，评估主要道路车辆倾覆风险的危险性、脆弱性、暴露性等，并开展了未来 24 h 道路车辆倾覆风险预报服务。Usman 等（2012）引入了相对风险指数对冬季路面条件类型危险等级进行了评估，通过与正常驾驶条件进行对照，评价不利天气条件对高速公路碰撞事故的影响。Snæbjörnsson 等（2007）选取风速、风向、附着系数、道路线形、行驶速度作为自变量，交通事故数作为因变量，建立了交通事故风险模型，并研究了因素间的关联性。Cheng 等（2017）使用旧金山的摩托车碰撞伤害数据，利用贝叶斯公式，建立了 5 个碰撞率模型，研究了天气条件对四种不同严重程度的摩托车碰撞伤害的影响。Yuan 等（2018）将交通流状况和天气特征与交通事故风险联系起来。模型中使用了一个雨天天气指标变量。Xu 等（2018）在评估环境因素和实时交通状况对高速公路撞车风险的综合影响时，考虑了降水和能见度天气指标，将天气分为晴天、小雨、中 / 大雨、霾、雾 5 种类型，构建了基于逻辑回归的事故风险模型，事故发生的预测准确率较以往模型提高了 6.8%，虚报率降低 1.3%。

　　综上可见，国外目前主要侧重于冰雪、雨天气对交通通行（如交通流量、车速、通行能力等）影响关系分析和交通事故发生风险模型研究，虽然综合考虑气象、道路、交通流量、事故严重程度等多种因素构建了风险影响模型，但受资料获取限制，模型方法多以研究为主，实际业务应用还有限。未来更趋向于综合考虑交通通行和交通事故影响因素的风险预报方法和应用技术研究。

## 2.2　国内交通天气风险预警技术研究

　　我国公路相关的交通气象监测、预报工作起步于 2005 年，相对国外较晚，针对公路交通气象服务需求，交通和气象学者们从高速公路安全管理方面进行了天气对公路交通的影响和风险评价研究。杨晋辉（1996）将灰色理论运用到恶劣天气与交通事故的分析中，以北京市 1987—1994 年的统计资料为例，计算得出交通事故与雨、雪、雾、大风的关联度分别为 0.8800，0.8714，0.8709 和 0.8712，说明灾害性天气对交通事故的发生趋势有一定的影响；并进一步发现，不同降雨强度下，中雨时段与交通事故关联度最大。邢恩辉等（2010）利用视频检测系统采集的城市快速路冰雪路面上的交通数据，分析了冰雪路面与非冰雪路面上城市快速路交通流量与速度关系，并建立了冰雪路面快速路交通流量与速度关系模型，为寒地城市快速路的运营、管理和评价提供科学依据。潘娅英等（2015）通过 GIS 平台、高速公路高程以及交通事故等信息进行定位统计得到相应高速公路路段的事故密度，对浙江省高速公路的事故易发程度分级，建立高速公路气象影响评价的指标体系，并通过主成分分析法提取气象要素指标因子，建立气象指标评价模型，确定交通气象影响评价等级。刘洪启和张巍汉（2007）以雾对高速公路安全的影响规律为基础，研究了雾区控制指标的选取以及控制指标和控制策略的分级，构建出适合我国国情的雾区监控分级控制标准和分级控制策略体系表，为提高高速公路雾区路段的安全水平和通行效率提供了一定参考。另外，部分学者开展了气象与交通安全的相关指数研究，提出了气象指标的具体分级范围，从驾驶人、车辆和道路环境等方面制定了影响因子，得出影响交通安全的各级气象指数。如许秀红等（2008）利用黑龙江省交通事故资料，在分析各种气象要素对交通事故影响程度关系的基础上，制定了道路气象环境指数，并划分了公路安全等级，采用指标分析法，对公路安全等级做出预报。气象环境指数和公路安全等级标准的制定客观反映了路况安全程度，为路况环境预报提供了较为准确的信息，为交通运输安全提供了一定保障。张景华和贺敬安（2003）应用西宁地区历史交通事故和气象资料，研究分析了西宁地区交通事故时空变化特征和事故多发日对应的天气类型，并建立了西宁地区交通安全天气指数，在实践中运用时准确率达 77％。李迅等（2014）针对 G2 京津塘高速公路应用统计方法构建了万辆车流交通事故预报模型和交通气象安全指数，并应用 WRF-RUC 数值预报产品进行试验验证，成果在华北地区高速公路气象服务中具有推广价值。林毅等（2018）分析了近五年辽宁高速公路天气诱发交通事故的实践特征，交通事故与气象因子的关系，并利用逐步回归方法拟合四个季节高速事故指数，通过事故指数量化事故量和事故等级。同济大学张丽君（2006）结合气象学与交通工程学知识，对影响道路交通安全的恶劣天气进行分类，提出恶劣天气影响强度的计算方法，推导出各类恶劣天气下高速公路单车和交通流安全行驶车速模型，并确定了各类恶劣天气下的限速标准。田华等（2018）基于公路积水阻断资料分析了公路积水阻断的时空分布特征，并对公路积水阻断与不同时效降雨的关系进行了探讨。

恶劣天气不仅对交通安全有直接影响，也会导致公路次生灾害的发生。如连续降水或强降水会引发公路路基沉降、公路沿线滑坡、泥石流及其他公路次生灾害，是诱发公路损毁的主要因素之一。许多学者在公路自然区划、公路损毁预报、公路次生灾害危险性评价和风险评估等方面开展了探索性研究。如狄靖月等（2015）针对西南地区公路损毁灾害，统计分析降水与灾害的关系并确立影响因子，同时将降水、地质环境与公路损毁风险区划有效结合，建立了公路损毁概率预报模型，为开展公路损毁灾害预报预警工作提供了客观参考。袁明等（2007）、陈洪凯和唐红梅（2011）分别结合天山公路、川藏公路沿线的地理环境，采用层次分析法和GIS技术建立了公路地质灾害危险性评价模型，为实施公路地质灾害风险防治提供了科学依据。此外，还有学者在充分考虑致灾因子、孕灾环境、承灾体等多因素影响的基础上，分别针对暴雨（武永峰等，2011）、洪涝（林孝松等，2013）、大雾（扈海波等，2010）、大风（宋建洋等，2017）、冰冻（王春玲等，2018）等灾害开展了客观精准的致灾危险性、风险区划、以及公路交通灾害风险评估模型研究，为决策部门更有针对性地制定公路交通防灾措施，最大程度减轻和避免气象灾害造成的损失提供客观依据。

另一方面，国内职能部门针对天气对交通通行和安全影响制定了相关的规定、标准和指数。如公安部交管局1997年发布的《关于加强低能见度气象条件下高速公路交通管理的通告》，明确规范了高速公路不同能见度下的车速限制要求（表2.4）。

表2.4　我国公安部车速管理要求

| 能见度（m） | 车速控制（km/h） |
| --- | --- |
| <50 | 局部或全部封闭高速公路 |
| 50～100 | <40 |
| 100～200 | <60 |
| 200～500 | <80 |
| 500～1000 | 采取适当措施，<80 |

另外，部分省级交管部门也针对恶劣天气制定了相应的预警管制级别和管控措施，如湖北省交管部门针对雾、冰冻雨雪等恶劣天气制定管制指标和措施（表2.5～表2.8）。

表2.5　低能见度与冰雪天气的管制级别

| 管制等级 | 天气条件 | 措施建议 |
|---|---|---|
| 一级 | 能见度<50 m，全线路段积雪结冰 | 封闭收费站，分流主干道，驶离高速或服务区休息 |
| 二级 | 50 m≤能见度<100 m，部分路段积雪结冰 | 封闭收费站，降速警示（<40 km），有积雪结冰处管制 |
| 三级 | 100 m≤能见度<200 m，有积雪结冰 | 降速警示（<60 km），客运车、危险品车禁止驶入 |
| 四级 | 200 m≤能见度<500 m，有积雪结冰 | 降速警示（<80 km） |

表2.6　不同类型天气的管制指标及措施

| 天气类型 | 天气条件 | 管制措施 |
|---|---|---|
| 冰冻 | 桥多路段气温达到2 ℃ | 提示相关部门进行巡查，交警逐时监测桥面温度。 |
| 雪 | 气温达到2 ℃，中雪 | 提示相关部门进行巡查，交警逐时监测桥面温度。 |
| 雨 | 暴雨级别 | 高速封路 |
| 雾 | 昼夜温差达8 ℃，湿度85%以上 | 全线巡查 |

表2.7　雾天管制阈值与措施

| 能见度（m） | 管制措施 |
|---|---|
| <50 | 全线封闭 |
| 50~100 | 关闭收费站 |
| 100~200 | 增加交警及相关部门人员巡逻 |
| ≥200 | 路面巡逻 |

表2.8　冰雪天气管制阈值与措施

| 阈值 | 管制措施 |
|---|---|
| 气温<2 ℃，5 mm积雪 | 桥梁及重点路段撒融雪剂，加强巡逻 |
| 气温<0 ℃，10 mm积雪 | 全线撒融雪剂，限制车型 |
| 已经结冰 | 结冰路段前两公里布控，养路部门除冰，重车压路，逐步放车 |

此外，气象部门在2013年开展了全国公路交通气象灾害风险普查工作。主要任务包括普查全国公路交通气象灾害风险隐患点，建设全国公路交通气象灾害风险普查数据库，形成全国公路交通主要灾害风险区划图。从普查结果来看，影

响我国公路交通的主要气象灾害是强降雨、大雾、团雾、路面结冰、公路积雪，灾害的致灾因子主要是降雨、能见度（雾／霾）、降雪、气温、风速等。同时，全国各区域的主要公路气象灾害存在明显差异。该工作为公路交通气象观测站选址设计和公路交通气象影响预报、风险预警研发都起到了很好的基础性作用。为规范交通气象服务工作，气象与交通运输部门联合开展了交通气象相关预警、服务标准体系建设工作。如 2010 年发布了气象行业标准《高速公路交通气象条件等级》，规定了影响高速公路交通运行的气象条件等级，为交通部门的高速公路安全和运营管理工作以及气象部门开展高速公路交通监测、预报预警服务提供依据。2015 年发布了国家标准《冰雪天气公路交通条件预警分级》《雾天公路交通气象条件预警分级》，规定了冰雪天气和雾天公路通行条件预警分级级别及划分方法，为冰雪天气和雾天对区域公路网运行影响进行预警信息发布提供了依据。2018 年联合发布气象行业标准《公路交通高影响天气预警等级》，规定了公路交通高影响天气的预警等级和划分指标，为公路交通高影响天气监测、预报、预警和应急处置工作提供依据。辽宁、贵州、青海等地也针对当地特点研究制定了一系列地方标准。

综上所述，目前国内对雨雪天气、雾天等风险指标进行了研究，并针对各自的气象和路况特点做了相应分级，总体上都是围绕部分气象指标而开展，但对于分级分类没有进行系统性研究。另外，侧重于对交通通行的影响，在交通安全的气象风险指标系统性全面性等方面的内容不足，而且指标属地化因素影响较大，缺乏广泛指导性。

# 第 3 章　国内外交通安全管理技术现状

做好高速公路交通安全管理，特别是恶劣天气下的交通处置应对是保障道路交通安全的重要举措。目前，融合道路实时监测、动态天气预报的智能化公路气象信息系统已在国外多个发达国家落地应用，为公路管理部门做好突发事件处置分析、道路管理与使用方案制定等提供良好决策支持。在我国，交通安全管理的研究成果主要集中在公路养护方面，而对于恶劣天气条件下的安全保障及处置应对建议方面支撑力度不够，仍需加大系统性指标研究与平台建设投入，为交通安全管理提供更科学的决策参数。

## 3.1　国外交通安全管理技术研究

国外多个发达国家已经开展了恶劣气象条件下的高速公路交通管理处置技术研究和实施。美国公路管理部门应用较为广泛的是应对灾害天气的道路气象信息系统（RWIS——Road Weather Information System），该系统是一系列技术的集合，它主要使用当前和历史气象和气候数据来获得道路气象实时和预报数据，用于道路相关决策支持。RWIS 系统主要包含三个模块：环境观测系统（ESS——Environmental Sensor Station）用于收集环境观测数据；模式或其他先进的处理系统，用于生产预报信息或制作可识别的数据产品；数据产品发布平台。ESS 系统是 RWIS 的重要组成部分，它用于监测环境温度、降水量和降水类型、能见度、露点温度、相对湿度、风速风向、路面温度、地下温度、路面状况（干燥、潮湿或霜冻）、路面化学除冰剂剩余量、路面冰点温度等。ESS 系统监测的数据通过远程传输至管理部门的中心服务器，原始数据可以用于制作实况产品和预报产品，而预报产品往往是针对站点的天气和路面状况预报。早期的 RWIS 系统主要面向高速公路养护人员，用于道路养护决策支持。随着技术的发展，RWIS 系统也跟着升级，现在天气和道路状况信息被推送给更多的用户，帮助用户制定出行方案和道路使用方案。与美国相似，瑞典和德国使用道路气象信息系统 RWIS，通过语音系统和图像显示系统向道路用户发布沿线天气信息。意大利有关部门于 2003 年秋推出了一项"抗雾智能公路"计划。"智能公路"系统结合了雷达和激光技术，由意大利交通部、公路管理局以及菲亚特研究中心合作。在雾天情况下，公路沿途、方向指示牌和转弯处，此安全系统的高压钠灯会频闪灯光，提高能见度，以减少司机驾车时的心理压力。德国非常重视公路气象预报的开展，一般要求气象部门提供 1～3 d 的公路气象预报，用于制定公路管理计划；另外需要当天 2～24 h 气象预报作为详细公路区域气象预报的补充和解释；预报明确给出 24 h 内时间和空间的气象变化情况，包括路面温度和公路路况等。澳大利亚在能见度与车辆速度以及速度差异性方面组织了大量的研究活动，他们指出在恶劣天气下事故高发的主要原因是车辆行驶速度过高和车辆速度差异引起的车辆间相互干扰增加。考虑到恶劣天气行车的安全性，政府在高速公路沿线采用了动态情报板预警天气，并提醒车辆减速慢行。芬兰开发了车载道路天气服务网络，将道路旁安装的观测设备当作服务收发热点，收集道路天气观测数据和车辆信息等，通过中心服务器进行数据融合，制作成实时道路气象产品，再推送到观测设备并提供给来往车辆。英国软件署运输研究实验室开发了基于 GIS 的交通事故分析软件 MAAP（Microcomputer Accident Analysis Package），主要用于交通事故的管理和分析，可以在 GIS 平台上表现事故发生位置并进行事故成因分析，已在多个国家得到良好应用。挪威国家公路局、澳大利亚国家公路局也开发了基于 GIS 平台的交通事故管理信息系统，以用于交通事故的管理与分析。

## 3.2　国内交通安全管理技术研究

我国目前对高速公路交通安全的研究与成果应用主要集中在养护管理方面，包括对公路的养护管理、加固决策、经济分析等提供的服务和辅助决策。而对于灾害天气预警与管理缺乏专门的通用性指导规范。马艳（2005）从恶劣天气条件下高速公路行车安全保障系统的作用及其功能方面入手，建立了一套恶劣天气条件下高速公路行车安全保障系统功能评价指标体系，针对五个子系统功能的实现给出了具体的评价指标及评价标准。田毕江等（2018）定量分析我国山区高速公路交通事故时空分布特征，甄别其主要影响因素，提取高风险路段上线形指标的重要决策参数，并系统总结了行之有效的安全改善对策。

在应用方面，国家有关部委和地方管理部门制定了恶劣天气预警与事件处置预案或指导意见。如公安部交管局制定了《应对低温雨雪冰冻雾霾恶劣天气交通应急管理工作预案》，江苏省公安厅制定的《恶劣天气条件下高速公路交通管制工作规范（试行）》对恶劣天气条件下江苏地区高速公路管理提供了一些指导意见。北京市公路局开展了"高速公路雾警自动限速标志系统"研究，着重解决目前华北地区冬雾引起的高速公路安全事故及关闭问题，利用传感器探测出路面范围内的雾况，通过中央处理器的计算和转换，将信号及时传递给显示系统，在可变限速板上实时显示合理的限速标志，提醒来往的驾驶人提前减速，确保行车安全。江苏省气象局积极与高速公路管理部门展开合作，完成了"宁沪城镇化公路（江苏段）秋冬季大雾灾害研究""江苏省城镇化公路大雾遥感监测业务系统"，还开展了"高速公路大雾遥感监测业务系统""低云大雾实时监测预报服务系统"等课题的研究。并于 2002 年春，选择宁沪高速公路无锡段内大雾多发地段（共 15 km），开展雾的定时（提前 1 h 预报）、定点、定量（能见度 < 500 ～ 50 m 的分级）的实时监测预报研究。陕西省有关方面针对西宝、西渭、西铜等几条高速公路，研究了秋冬大雾及其特点，并提出概念模型。这些研究对大雾天气的预报和采用适当的交通管理措施有一定的指导意义。

综合国外和国内交通安全管理技术可以看到，国外已经将恶劣天气下的交通管理处置技术做到了实施层面，国内则更多是在研究领域；国内也制定了一些工作指导规范，但总体缺乏针对各类恶劣天气条件的、较为全面的交管处置技术，影响到了恶劣天气条件下交警处置的科学性，因此，有必要对恶劣天气下的交管处置应对技术进行系统性研究。

# 第 4 章　恶劣天气交通管制工作

交通管制是指出于某种安全方面的原因，对于部分或者全部交通路段的车辆和人员通行进行的控制措施，一般是临时性的规定。当大雾、台风、强降雪等恶劣天气即将或已经影响道路交通安全时，公安机关交通管理部门需结合工作内容和职责启动交通管制措施，这也是预防和减少交通事故发生最直接有效的手段。按照高速公路管理模式与交通管制流程，综合气象条件与道路环境信息，匹配最适宜的交通管制等级与管制方式，是追求恶劣天气下现代公路交通运输快速、高效、安全与准时过程中的重要利器。

## 4.1　交通管制关注的主要天气

雨、雾、冰、雪、风、高温等恶劣天气，改变了道路的行车条件，减小了路面摩擦系数或降低了能见度，影响驾驶人的正确判断和操作，对行车安全造成很大影响。表 4.1 为 2013—2017 年全国高速公路发生的交通事故中相对于各种天气状况的分布数与分布比例；图 4.1 是非晴天气（除去阴天）中不同天气类型的分布情况。可以看出，高速公路晴天事故与非晴天事故的比例为 64 ∶ 36，非晴天事故率接近 40%，在非晴天天气类型中，除去阴天（由于交管部门对天气的分类方法与气象部门有所不同，其中阴天可能对应冰冻等天气），事故中比例最高的天气为雨天，其次是雾天和雪天，以及大风、沙尘、冰雹、霾等天气。

以江苏省高速交警部门 2017 年 1 月至 2018 年 11 月在高速公路上采取交通管制措施的数据为例，分析管制所关注的天气类型。从图 4.2 可见，因恶劣天气进行交通管制总计 13696 次，其中冰冻 491 次、雨 5367 次、雪 1277 次、雾 6237 次、风 324 次。

表4.1　不同天气类型事故情况

| 天气类型 | 事故次数 | 占总数 |
|---|---|---|
| 晴 | 27507 | 63.93% |
| 阴 | 7461 | 17.34% |
| 雨 | 6187 | 14.38% |
| 雪 | 744 | 1.73% |
| 雾 | 1001 | 2.33% |
| 大风 | 36 | 0.08% |
| 沙尘 | 31 | 0.07% |
| 冰雹 | 3 | 0.01% |
| 霾 | 2 | 0.01% |
| 其他 | 55 | 0.13% |

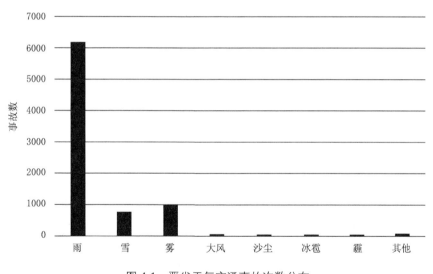

图 4.1　恶劣天气交通事故次数分布

通过以上统计数据，结合公安交通管理部门日常管理经验，交管部门关注的天气包括雾、雨、雪、大风、沙尘、冰冻、高温、霾等，其中主要影响能见度的恶劣天气包括雾、雨、沙尘、霾等；影响路面摩擦系数的恶劣天气包括结冰冻、雨、雪等。

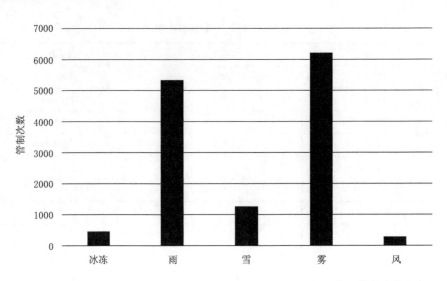

图 4.2　江苏省 2017 年 1 月至 2018 年 11 月不同恶劣天气下交通管制次数分布

## 4.2　恶劣天气交通管制主要工作内容

### 4.2.1　应对准备

1. 信息研判

（1）与气象部门加强协作，从气象部门及时获取中长期天气趋势和短期气象预报信息，掌握低温雨雪冰冻、雾霾等恶劣天气的预警预报信息，提前研判分析恶劣天气变化趋势，并将恶劣天气预警预报信息发送至高速交警大队的相关领导。

（2）根据恶劣天气的变化趋势、影响范围和持续时间等研判对道路通行的影响，及时调整勤务安排。

（3）搜集和跟进恶劣天气预报信息，通过路面民警巡逻主动发现、气象信息员、收费站收费员、服务区工作人员以及高速公路沿线村民及时通报路面气象状况，实时获取恶劣天气变化情况。

2. 勤务安排

（1）根据雾天研判情况，结合春秋冬多雾季节、雨后天晴多雾等特点，加强凌晨 03—08 时多雾时段、多雾路段等重要节点的巡逻管控，主动在路面发现雾情。

（2）根据冰雪天气研判情况，结合辖区路况特点，加强对桥梁、弯道、匝道、坡路、风口、易滞水结冰等路段的巡逻力度，及时发现积雪、结冰情况，督促有关部门及时采取融雪化冰措施；当预报气温低于 0 ℃时，要督促高速公路经营管理单位或养护单位加大路面巡查密度，以便及时处置冰雪情况。

（3）根据气象研判的重点路段和重点试点将警力部署到桥梁、坡道、弯道等重点路段。

### 3. 人员物资准备

协调有关单位提前备好人员和物资。会同路政部门，联系高速公路经营管理单位，督促落实从机械、物质、人员等方面的准备工作。

（1）根据路段冰雪期长短、车流量情况，配备适量的抛雪车和融雪剂撒布车，视情配备其他机械。

（2）按照一定标准配备融雪剂或工业盐，根据气象预报信息提前摆放到桥梁、坡道等重要节点，必要时直接把融雪剂或工业盐提前堆放于路面合适位置，便于取用。

（3）储备安排充足的人员上路开展除冰除雪作业，并防止重要节日无工可请、无人上路情况。

### 4. 应急演练

高速公路交通管理部门应在上级管理部门指导下，对本单位实施应急交通管理的工作人员进行培训，并组织人员及相关单位开展应急演练，通过应急演练提高各项应急处置实战能力。

### 5. 社会联动保障

（1）与高速公路管理部门、地方政府、地方交警部门、消防、环保、安监、急救医疗部门以及施救队加强联系，遇有突发交通事件，联勤联动，保证处置措施得到有效实施。

（2）各协作部门加强岗位培训工作，提高应急处置能力，适时开展实战演练，保证预案启动后，能够做到上下指挥有力，处置工作有序，横向协调到位。

## 4.2.2　管制执行

### 1. 根据恶劣天气及时指挥决策

巡逻民警、气象信息员等发现恶劣天气警情后，及时向高速交警大队带班领导或大队值班室报告，带班领导接到报告后，实地查看恶劣天气对路面的影响状况，分析影响范围和变化趋势、评估对交通的影响，确定交通管制等级及相应措施，做出加强巡逻、增派警力管制、督促有关部门关闭收费站入口、协调周边交警单位共同管制等指令，并根据恶劣天气变化和路面状况相应调整管制等级。

2. 针对不同类型恶劣天气进行交通管控

各地主要针对大雾、冰雪天气制定了相应的交通管控措施，恶劣天气下的交通管控可分为路面管控、管制分流、防止和快处事故、联动协作、信息发布和解除管制等。

（1）路面管控

主要采取提示、限速、限行等措施加大路面管控力度。

1）大雾天气

①路面出现雾情时，通过电子显示屏提示、喊话等方式，要求所有车辆开启雾灯、近光灯、示廓灯、前后位灯。

②能见度在 500～200 m、200～100 m、100～50 m 时，通过电子显示屏提示、收费站入口提示、鸣笛喊话等方式，要求车辆相应时速不得超过 80、60 和 40 km/h，并保持安全间距。

③能见度低于 200 m 时，禁止灯光不全、超限、危化品运输、客运车辆驶入。

④能见度低于 50 m 时，关闭高速公路所有入口，禁止车辆驶入，并通过鸣笛喊话等方式，要求主线车辆就近驶离高速公路或进入服务区等候通行。

2）冰雪天气

①在下坡、涵洞、桥梁等重点路段前方隔一定距离连续设置提示牌、警示灯具，不具备通行条件的路肩、车道用反光锥筒进行物理隔离，加强交通诱导。

②巡查时发现客运车辆、危险化学品车辆，通过喊话、警车带道措施确保安全通行。难以保障安全通行的，可就近带道驶离高速公路。

③路面冰雪影响到车辆通行时，禁止危化品运输车、七座以上客车通行。

④积雪结冰严重影响车辆安全通行而实施管制时，应在作出撒盐、铲雪措施后，将滞留车辆编队通行，可采用先用重车碾轧后放行小型车辆，必要时用警车带队压速通行。

⑤对在冰雪路段强行超车和其他违法行为的车辆，应及时鸣笛、喊话制止，规范行车秩序，必要时通知前方拦截处罚。

（2）管制分流

1）大雾天气

根据能见度和雾情变化趋势，增派警力警车，采取分段通行、间断放行、引导通行、禁止通行等综合性管制分流措施，最大限度地防止长距离交通滞留和交通事故。

①能见度在 50～100 m 时，可将主线或已进入雾区的车辆通过鸣笛喊话、警车并排行驶等方式强制降速，列队引导通行雾区。

②能见度低于 50 m 时进行全线管制，禁止车辆通行。禁止车辆通行时，选择处于无雾区域通往收费站出口的主线实施禁行、分流，也可以选择大型服务区入口实施管制，将车辆引导进入服务区停驶，同时关闭服务区出口。

③能见度高于 100 m，在提示低速行驶的同时，分段放行、间断放行车辆。

④雾情延伸扩散时，视情更换管制点。

2）冰雪天气

①采取远端提示、近端分流，保障重点路段通行。采取警车带道、近端控流、多点分流等措施进行。

②因大雪或严重冰冻将造成大量车辆和人员长时间滞留时，按有关程序报省政府及当地政府应急管理办公室，并做好救援人员、车辆的交通组织工作。

（3）防止和快速处理事故

1）大雾天气

①实施交通管制时应在通往管制点方向的电子显示屏显示："前方管制、降速行驶"之类的提示信息，并在管制点持续鸣警笛，提示车辆降速行驶或列队等候，防止追尾事故。

②对已进入雾区行驶的车辆，能见度低于 50 m 时禁止雾区分流。

③能见度高于 50 m 时，通过警车亮灯、鸣笛并伴随民警喊话提示降速行驶。

④会同路政、施救车辆上路巡逻，及时拖曳故障和事故车辆。事故现场按照"快勘快撤"的原则及时处置，撤离现场，保障道路处于通行状况。

2）冰雪天气

①预测降雪或已经降雪结冰时，协调清障施救单位将吊车、拖车停放于高速公路入口边、服务区，以便及时出动开展施救。

②高速交警大队值班人员接到当事人从路面打来的事故报警时，告知报警人打开危险报警闪光灯，将车辆移至不妨碍安全的地方。

③对车辆难以移动或有人员重伤、死亡的，告知在来车方向 150 m 外设置三角警告标志，督促同车人员转移至安全地带，防止发生次生事故。

④巡逻民警接到值班室指令应就近赶赴事故现场实行警戒，对轻微事故快速处置，对一般程序事故，在做好警戒的同时，报告大队通知事故处理民警增援处置。

（4）联动协作

在进行交通管制时，各高速交警支、大队根据需要做好协作配合，共同保障道路的安全畅通。

1）跨大队联动协作

①恶劣天气发生地大队依据天气状况做出管制决定时，需通知管制点来车方向的相邻大队，向上级管理部门发出联合管制申请，并向相邻大队发出联合交通管制协作请求。

②相邻大队在条件允许的情况下，根据上级部门下达的协作指令或直接根据相关大队的协作请求，下达交通管制指令，安排民警到达指定地点，实施管制措施，并将管制情况反馈给协作请求大队。

2）跨支队或地市交管部门联动协作

①恶劣天气发生地大队向上级部门报告天气状况，由上级部门向省级高速交通管理部门发出联合管制申请。

②向相邻支队发出交通管制协作请求，相邻支队及其范围内的大队在条件允许的情况下，可根据省级高速交管部门下达的协作指令或直接根据恶劣天气发生地支队的协作请求，下达交通管制指令，安排民警到达指定地点，实施管制措施，并将管制措施情况反馈给协作请求支（大）队。

3）跨省联动协作

原则上不得采取封闭高速公路省际主线站的管理措施。

①因恶劣天气交通管制可能影响邻省车辆通行时，应提前知会邻省高速公路交通管理部门，需要关闭省际入口时，应征得邻省有关部门的同意。

②冰雪天气时，如省际道路大面积结冰，应通过警车带道引导车辆到本辖区组织分流，确需采取临时封闭措施的，必须由省级交管部门提前协商邻省同意后实施，并实行全线联动、高速和普通公路联动，通过远端控制、近端分流、多点分流等措施，引导车辆分流绕行。

③大雾天气时，省际高速公路出现大雾天气，车辆无法安全通行的，由省级交管部门提前协商邻省同意后关闭省际主线站，并采取警车带道措施引导省际滞

留车辆通过收费站，在本辖区实行多点分流、多点控制、分段容留。

4）联合交通管制措施的变更

实施联合交通管制过程中恶劣天气影响的范围发生变化，可根据实际情况扩大或缩小交通管制协作范围，变更管制地点、管制措施。做出管制变更时，应将变更的原因、变更的管制地点及其他措施告知联合管制的协作方，确保协作请求大队和协作配合大队信息互通，措施同步。

（5）信息发布

1）大雾天气

路面有雾时，及时通过各类载体发布路况信息，提醒驾驶员谨慎驾驶或选择其他出行线路。

①路面能见度在 50 m 以上，允许车辆通行时，应在高速公路全线用电子显示屏提示车辆谨慎驾驶，严防追尾。

②能见度低于 50 m，实施管制禁止车辆通行时，应按照近端分流、中端绕行、远端提示的要求，协调高速公路经营管理单位在电子显示屏持续发布路网分流提示信息，并及时通过广播、电视、微博、微信以及互联网等平台，向社会发布路况信息、交通管制措施、出行建议。

③道路恢复正常通行后，及时通过广播、电视、微博、微信以及互联网等平台发布信息，提示交通恢复正常。

2）冰雪天气

①路面有降雪结冰情况时，要协调高速公路经营管理单位，在高速公路沿线显示屏、路面情报板发布路况信息，做好安全提示，提醒驾驶员谨慎驾驶。

②冰雪天气严重影响高速公路交通安全时，要及时利用广播、电视、微博、微信以及互联网等平台对外发布交通状况、管制措施、行车安全提示，诱导群众选择合适的时间、路线出行。

③交通管制结束，恢复正常通行时及时发布路况信息。

（6）解除管制

恶劣天气对高速公路交通的影响逐步减弱、消除，高速公路达到正常行车条件后，高速公路交通管理部门应及时安全放行滞留车辆。

①放行时遵循"先路面后路外""先主线、后支线"原则，先放行主线、服务区滞留车辆，后放行收费站外车辆；先放行国家干线公路车辆，后放行省内干线公路车辆。

②先放行长距离滞留路段车辆，后放行滞留距离短路段车辆。

③放行主线滞留车辆时，应在管制点喊话提示不得抢行，并间隔批量放行。

④对交叉高速公路都有车辆严重滞留时，应交替放行，防止某路段、某一方向车辆拥挤引发事故。

⑤涉及联合交通管制时，路面执勤、巡逻或实施交通管制的民警向大队值班室报告路况，提出解除管制建议。大队接报后，立即向相关支（大）队通报情况，相关支、大队即可解除交通管制，恢复正常交通，联合交通管制任务完成。

### 4.2.3　成效评估

恶劣天气交通应急管理工作结束后，高速公路公安交通管理部门会对应急处置工作进行认真的总结和评估，总结本次应急工作的经验和存在的问题，提出今后的应急工作建议。另外，针对单次或阶段性冰雪应对处置工作，及时会同路政部门、高速公路经营管理单位、养护单位、施救企业，总结防冻防滑工作情况，查找工作中的不足，研究解决对策。

## 4.3　交通管制分级

从公安部层面来说，针对气象有明确管制要求的规定主要是《关于加强低能见度气象条件下高速公路交通管理的通告》（公交管〔1997〕312号），该通告对低能见度气象状况及其相应的管制措施提出了要求。

（1）能见度在200～500 m时，必须开启防炫目近光灯、示廓灯和前后位灯；时速不得超过80 km/h；与同一车道行驶的前车必须保持150 m以上的行车间距。

（2）能见度在100～200 m时，必须开启雾灯和防炫目近光灯、示廓灯、前后位灯；时速不得超过60 km/h；与同一车道行驶的前车必须保持100 m以上的行车间距。

（3）能见度在50～100 m时，必须开启雾灯和防炫目近光灯、示廓灯、前后位灯；时速不得超过40 km/h；与同一车道行驶的前车必须保持50 m以上的行车间距。

（4）能见度小于50 m时，公安机关依照规定可采取局部或全路段封闭高速公路的交通管制措施。实施高速公路交通管制后，除执行任务的警车和高速公路救援专用车辆外，其他机动车禁止驶入高速公路。此时已进入高速公路的机动车辆，驾驶员必须按规定开启雾灯和防炫目近光灯、示廓灯、前后位灯，在保证安全的原则下，驶离雾区，但最高时速不得超过 20 km/h。

另外，在关于印发《应对低温雨雪冰冻雾霾恶劣天气交通应急管理工作预案》的通知（公交管〔2011〕283 号）中，涉及交通管制的明确要求：除出现能见度不足 50 m 的雾、路面严重结冰道路无法通行的情况外，不得关闭高速公路省际主线站。因此，交通管制中的局部或全线封闭高速公路对气象的要求相对比较明确。

从省级高速公路公安交管部门来说，各地基于公安部规定，结合所在的地域特点，制定了高速公路恶劣天气的应急预案。交通管制针对的恶劣气象条件指标也有所不同，因此交通管制的分级标准需要基于所在省份的具体要求，并没有唯一性。本书搜集了湖北、福建、山西、江苏等具有不同气象状况特点的多个省份应急管理预案或工作规范，经过梳理，根据恶劣天气的严重程度、处置难度和影响范围，将高速公路恶劣天气条件下的交通管制分为四级，并分别列出气象条件和相应的管制措施。

## 4.3.1　四级管制

1. 大雾、沙尘暴、暴雨、霾等主要影响能见度的天气

（1）气象条件：能见度在 200 ~ 500 m 以下（现场判断依据：高速公路车道分界虚线一实一空长 15 m）时。

（2）主要管制要求：管制路段临时限速 80 km/h；通行车辆必须开启雾灯、示廓灯和前后位灯；保持车间距不小于 150 m；辖区交警加强路面巡逻，及时排查和消除路面安全隐患。

2. 冰雪等主要影响路面摩擦系数的天气

（1）气象条件：正在下雪但路段（桥面）尚未积雪、结冰。

（2）主要管制要求：管制路段不限制通行车种，通行车辆必须开启危险报警闪光灯，并保持安全车间距。能见度在 100 ~ 200 m 以下时，临时限速 60 km/h；能见度在 50 ~ 100 m 以下时，临时限速 40 km/h；能见度不足 50 m 时，临时限速 20 km/h。

3. 大风等主要影响行驶车辆稳定性的天气

（1）气象条件：侧风平均风力 6 级时，高速公路跨江大桥实行四级管制。

（2）主要管制要求：管制路段禁止危险品运输车辆通行，临时限速 80 km/h。

### 4.3.2　三级管制

**1. 大雾、沙尘暴、暴雨、霾等主要影响能见度的天气**

（1）气象条件：能见度在 100 ～ 200 m 以下时。

（2）主要管制要求：受影响的路段沿线收费站口禁止特定车辆（如危险品车和 7 座以上客车）驶入高速公路，管制路段临时限速 60 km/h，通行的车辆需开启雾灯、近光灯、示廓灯、前后灯及危险报警闪光灯，保持车间距不小于 100 m。

**2. 冰雪等主要影响路面摩擦系统的天气**

（1）气象条件：路段（包括桥面）积雪尚未结冰。

（2）主要管制要求：管制路段禁止危险品运输车辆通行，通行车辆必须开启危险报警闪光灯，临时限速 60 km/h，保持车间距不小于 100 m。

**3. 大风等主要影响行驶车辆稳定性的天气**

（1）气象条件：侧风风力 7 ～ 8 级时，高速公路高架桥、跨江大桥等实行三级管制。

（2）主要管制要求：管制路段禁止危险品运输车辆、大型客车通行，通行车辆临时限速 60 km/h。

### 4.3.3　二级管制

**1. 大雾、沙尘暴、暴雨、霾等主要影响能见度的天气**

（1）气象条件：能见度在 50 ～ 100 m 以下时。

（2）主要管制要求：禁止危险品车、三超（超长、超宽、超高）车辆、大型客货车驶入高速公路，管制路段临时限速 40 km/h，禁止超车。通行的车辆需开启雾灯、近光灯、示廓灯、前后灯及危险报警闪光灯，保持车间距不小于 50 m，从最近出口驶离高速公路。

**2. 冰雪等主要影响路面摩擦系数的天气**

（1）气象条件：高速公路部分路段（桥面）结冰。

（2）主要管制要求：管制路段禁止大型客车、危险品运输车辆通行，临时限速 40 km/h，禁止超车；通行车辆必须开启危险报警闪光灯，保持车间距不小于 50 m。

**3. 大风等主要影响行驶车辆稳定性的天气**

（1）气象条件。侧风风力 9 ～ 10 级时，高速公路跨江大桥实行二级管制。

（2）主要管制要求。管制路段禁止大中型客车、集装箱货车、危险品运输车辆通行，通行车辆临时限速 40 km/h。

### 4.3.4　一级管制

1. 大雾、沙尘暴、暴雨、霾等主要影响能见度的天气

（1）气象条件：能见度在 50 m 以下时。

（2）主要管制要求：除重要领导特别紧急公务、紧急抢险救护等特殊车辆在警车带道下通行外，禁止其他各类车辆驶入高速公路。在管制路段两端主干路实施交通分流。通行的车辆需开启雾灯、近光灯、示廓灯、前后灯及危险报警闪光灯，并以不超过 20 km/h 的速度就近驶离高速公路或驶入服务区休息。

2. 冰雪等主要影响路面摩擦系数的天气

（1）气象条件：高速公路某路段全线结冰时。

（2）主要管制要求：管制路段禁止各类车辆驶入，已驶入的车辆须开启危险报警闪光灯，并以不超过 20 km/h 的速度就近驶离高速公路或进入服务区休息。

3. 大风等主要影响行驶车辆稳定性的天气

（1）气象条件：侧风风力超过 10 级时，高速公路跨江大桥实行一级管制。

（2）主要管制要求：除重要领导特别紧急公务、紧急抢险救护等特殊车辆在警车带道下通行外，管制路段禁止其他各类车辆驶入，已驶入的车辆须开启危险报警闪光灯，并以不超过 20 km/h 的速度驶离。

## 4.4　交通管制方式

在高速公路公安交通管理工作中，恶劣天气条件下的高速交警应当根据路面交通状况，采取一项或多项交通管制措施，对路面车辆实现管控，保障高速公路的安全和畅通。主要的交通管制方式如下。

1. 封闭道路

封闭道路包括全线封闭和局部封闭两种方式。

全线封闭主要为：

（1）高速公路沿线全部站口禁止车辆上路。

（2）协调高速公路业主部门在沿线和各站口的 LED 屏上发布高速站口关闭信息，告知封闭后滞留在路上的车辆限制在 20 km/h 的速度，就近进入服务区或驶

离高速公路。

局部封闭主要为：

（1）在封闭路段两端收费站封闭通往封闭路段的匝道口。

（2）有关行政区的高速公路公安交通管理部门派出警力，会同高速公路路政部门在封闭路段两端匝道口设置交通标志和隔离设施，实施车辆分流，禁止从未封闭路段驶来的车辆驶入封闭路段。

（3）沿线可变信息板发布局部封闭信息，并告知以下内容：滞留在封闭路段的车辆限速 20 km 行驶，就近驶入服务区或驶离高速公路；其他在高速公路上行驶的车辆应当在封闭路段两端的收费站匝道口驶离高速公路。

（4）在未封闭路段收费站逐车发放告知卡，告知驶入高速公路的车辆在高速公路上的通行区间，以及驶离高速公路的具体地点。

2．控制驶入

（1）实施一级或二、三级管制时，管制路段匝道收费站、主线收费站应当关闭或按照不同管制等级禁止限制通行的车辆驶入。

（2）高速公路经营管理单位应当在收费站前方及匝道入口处设置明显标志，告知管制内容。

（3）交警大队派人在主要收费站区指挥疏导。

（4）实施一级管制时，高速交警部门应控制管制路段服务区内的车辆驶出，高速公路经营管理单位配合。

3．主线分流

（1）实施一级管制时，应当在管制路段的两端选择通行能力大的匝道出口设置分流点，引导主线车辆驶离高速公路。

（2）管制路段与相邻高速公路有枢纽互通的，由相连高速公路管理部门负责关闭枢纽匝道，禁止车辆驶入管制路段。

（3）高速公路交警大队负责分流点现场秩序管理，路政大队配合。

4．多点分流

在实施主线分流时，因车流量大造成主线分流车辆排队积压严重时，可沿主线在排队车辆后方选择具备分流条件的匝道出口，视情况增设第二、第三级主线分流点，采取多点分流。

5．间断放行

为控制管制路段交通流量，或解除交通管制时，执勤民警可以指挥收费站工作人员，对被放行车辆采取间隔放行措施，保障通行安全。

间断放行主要是控制车辆密度和行车间距，一般针对小范围积雪结冰、有雾能见度不足、车流量较大路段情况，通过在收费站或其他地点减少入口通道、延长发卡时间间隔以及设置临时执勤点每隔一定时间间隔放行车辆等措施，控制进入高速公路的车辆密度和行车间距，确保行车安全。间隔放行的时间间隔和放行的车辆数量应根据不同的气象条件和道路环境确定。

实施间断放行时必须对进入高速公路的车辆采取限速措施。

6. 限制车速

高速公路的交通管制除限制车辆驶入外，最主要的就是限制车速。高速交管部门一般可以采取以下措施：（1）通过交通部门在收费站逐车发放告知卡，告知驶入高速公路的车辆按照告知卡上规定的车速行驶，以及限制车速的原因。（2）建议交通部门在沿线可变信息板发布限制车速信息，并告知驾驶人限制车速的原因。车速限制的具体规定如下：（1）能见度在 200～500 m 时，在高速公路上通行的车辆时速不得超过 80 km，与同一车道行驶的前车必须保持 150 m 以上的行车间距；（2）能见度在 100～200 m 时，时速不得超过 60 km，与同一车道行驶的前车必须保持 100 m 以上的行车间距；（3）能见度在 50～100 m 时，时速不得超过 40 km，与同一车道行驶的前车必须保持 50 m 以上的行车间距；（4）因雾、雪、道路轻度结冰时，时速不得超过 20 km/h，与同一车道行驶的前车必须保持 50 m 以上的行车间距。

7. 分车型限行

对低能见度、路面积雪结冰路段，视情况临时限制 7 座以上客运车辆、危险化学品运输车辆、重载大型货车等车辆通行。

8. 警车压速带道

警车带道通行是指利用警车前导，通过压低车辆行驶速度的办法，将滞留堵塞的路面车辆带至下一个具备分流条件的站口分流下路，在最大限度保证安全的同时，尽快缓解站口压力，尽可能地避免长时间、长距离的交通堵塞情况发生。

警车压速带道一般由路面执勤巡逻警车穿插到交通流中，打开警灯，鸣响警笛，控制车辆车速，使交通流中的车辆保持足够的行车间距。在主线严重堵塞时，利用警车前导、压低车辆行驶速度等方式，将滞留堵塞在路面的车辆带至下一个具备分流条件的站口驶离高速公路。

（1）"警车压速带道"一般需要 2 台以上警车，2 名以上民警跟车实施；

（2）在滞留车辆前部设置 2 台警车，分别顺向停于左侧车道与右侧车道、右侧车道与路肩之间，以防止带车行进过程中后车超越；

（3）车辆开启警灯，间断鸣响警报，向后方车辆传输"减速慢行，保持车距"等信息；

（4）分流站口斑马线底部的警车开启警灯，传达"减速慢行，保持车距"等信息，车内民警同时进行喊话提示，车外民警手持夜间警示棒指挥前行车辆低速安全行驶；

（5）带道警车带领堵塞积压车辆以合适速度缓慢前行，车队到达下一个具备条件的站口时，由提前待命的民警将其分流下路。路政大队配合实施。

9. 主线容留

在管制路段两端主线指挥车辆依次有序停放，等待放行。

10. 尾部警戒

实施交通管制时，车辆在主线上排队积压，交警部门派出警车在车队尾部通过开启警灯、鸣响警报等方式提醒后方来车注意安全。需路政部门配合实施。

11. 交通诱导

高速公路实施交通管制时，应采取多种方式、多种渠道发布路况信息，引导管制路段周边车辆绕行，避免发生交通严重堵塞。省级高速公路公安交通管理部门可以通过省级媒体，及时向社会发布全省高速公路交通管制信息。高速公路（桥）经营管理单位负责及时利用可变情报板、可变交通标志准确发布气象及路况信息、交通管制信息。高速交警支队、市公安局交警支队、市公路路网调度指挥中心负责通过本地媒体和城市、公路交通信息情报板发布相关路况信息。

12. 加强管制路段的巡逻管控

高速交警和路政部门要加强对管制路段的巡查，采取喊话鸣笛等方式，提醒驾驶人按要求开启灯光，严格禁止在雾区或有冰雪路段超速、超车，及时指挥引导限制通行的车辆就近驶离高速公路或进入服务区休息。发现停留的故障车或障碍物，及时通知排障部门并协助排障人员进行排障。

13. 保障应急车道畅通

因实施交通管制造成分流点车辆排队积压时，高速公路交警和路政部门维护分流点现场秩序，安排人员指挥等待通行车辆安全有序停放，并安排人员在应急车道内巡查，严禁占用应急车道行驶、停放；安排人员指挥疏导已交费车辆尽快驶离收费站区，同时保证收费站入口有一条通道畅通。

14. 解除交通管制

开始放行滞留车辆时，执行任务的车辆要分批间隔混行于放行的车流中，用警笛、喊话提醒等方式，最大限度地保障行车安全。在冰面、上坡、危桥路段、故障车辆等节点处，要定点警示或实施救援、抢险。交警尾车要尾随滞留车辆的尾部，直至最后一辆车驶离辖区。混行于放行车流的交警、路政、救援车辆，在通行中若发现堵点再次形成，要及时报告并先尾随后施救，混行的勤务车辆必须驶离本区段后再折返，如特殊警情需要，可以用进口通道进行折返。

在恶劣天气出现时，无论采取哪一种交通管制方式，其根本目的都是为了保障高速公路的交通安全，预防交通事故的发生。但是，不同的交通管制方式对车辆的管制程度是不同的，如：全线封闭时，高速公路全线禁止车辆通行；局部封闭时，高速公路部分路段禁止车辆通行；间断通行时，高速公路对车辆实行限量通行；限制车速时，高速公路对车辆实行限速通行。因此，在交通管制的具体实施过程中，应根据不同交通管制方式对车辆的不同管制程度采取科学的方法和步骤。

# 4.5　交通管制条件

影响车辆安全通行的道路环境主要有两个方面：能见度和路面摩擦系数，而雨雪天气对能见度和路面摩擦系数都有明显的影响。通常情况下，高速公路干燥路面的摩擦系数为 0.7，雾天由于空气湿度大，道路潮湿，路面摩擦系数不足 0.6，雨天路面摩擦系数只有 $0.3 \sim 0.4$，雪天和结冰路面的摩擦系数则在 0.2 以下，而且雨雪雾天气都会不同程度地导致路面能见度下降和驾驶人视距降低。因此，从交通安全的角度考虑，当雾、雨等天气高速公路能见度达不到安全行车要求时，或高速公路出现积雪、结冰，影响车辆安全通行时，采取交通管制。不同的交通管制方式应当根据在不同的气象条件、道路环境以及管制等级适当使用。现有交通管制的条件主要包括如下。

1. 封闭道路

全线封闭适用条件：（1）高速公路全线因雨、雪、天路面能见度在 50 m 以下时；（2）高速公路全线道路结冰、积雪，严重影响车辆安全通行时。

局部封闭适合条件：（1）高速公路部分路段因雨、雪、雾天路面能见度在 50 m 以下时；（2）高速公路部分路段道路结冰、积雪，严重影响车辆安全通行时。

2. 控制驶入

当能见度在 100 m 以下需要实施一级、二级和三级交通管制时适用。

3. 主线分流与多点分流

实施一级管制时适用。

4. 间断放行与限制车速

间断放行适用于高速公路全线或部分路段因雨、雪、雾天路面能见度在 50 m 以上 500 m 以下时以及全线或部分路段因雾、雪道路轻度结冰时。限制车速要视不同的道路环境实行合理控制，可以单独实施，也可以和间断放行同时实施，但实施间断放行的同时必须采取限速措施。

5. 分车型限行

对低能见度、路面积雪结冰、下雨路面附着系数较低等路段，符合一级、二级和三级管制的情况的路段适用。

6. 警车压速带道

在采取封闭路段等措施后，分流站口压力过大，主线严重堵塞的情况下适用。

7. 主线容留

白天实行交通管制时，预计管制时间在 1 h 之内的适用。

8. 尾部警戒

实施交通管制时车辆在主线上排队积压的情况适用。

9. 交通诱导、加强巡逻管控与保障应急车道畅通

恶劣天气需要进行交通管制时适用。

10. 解除交通管制

路面条件达到安全行车标准，不需要进行交通管制时适用。

# 4.6 恶劣天气交通管制流程

1. 不涉及协作的管制流程

不涉及协作时，高速公路交通管理部门恶劣天气下的交通管制具体流程如图 4.3。

（1）发现和确认恶劣天气事件。在接报恶劣天气情况后，高速公安交管部门加派执勤警力，加强沿线巡查。在分析和研判恶劣天气对道路通行的影响后，初步判断应急响应等级，迅速上报政府、公安机关和上级公安交通管理部门，通知

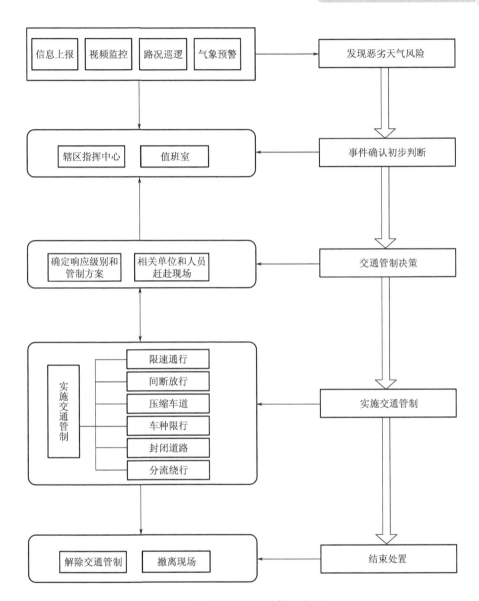

图 4.3　恶劣天气交通管制流程

相关联动机构，启动交通应急管理。

（2）交通管制决策。确认应急响应等级后，迅速启动应急机制，根据实际天气和道路通行情况，确定交通管制级别和措施，明确各联动部门的任务分工。公安交管部门负责实施交通组织工作，维护道路交通秩序，其他部门按职责和处置要求协同开展工作。

（3）实施交通管制。公安交管部门根据交通管制级别，采取针对性的交通管制措施，实施交通管制时提前组织交通诱导，管制过程中的实时情况及时上报指挥部，现场处置情况发生变化时，指挥部视情调整处置方案。

（4）结束处置。天气条件好转或道路安全通行条件正常后，应当及时清理现场，并向指挥部提出应急响应状态终止的请示，经指挥部确认后发出终止应急响应状态的指令。处置结束后，对本次应急交通管制过程进行综合评价，视情况修订和完善。

2. 涉及协作的管制流程

由于高速公路点多、线长，往往横跨多个不同的行政区，而且同一时间高速公路不同路段的气象条件和道路环境往往差别很大。许多情况下，高速公路某一路段出现不良气象条件和道路环境，不具备车辆通行条件时，而另一路段的气象条件和道路环境却良好，具备车辆通行条件，无论对高速公路采取全线封闭还是局部封闭的交通管制措施，都存在着不同行政区的高速公路公安交通管理部门之间的协调配合问题，达不到协调配合就难以采取有效的交通管制，难以保障高速公路的行车安全。因此，当高速公路出现不良气象条件和道路环境时，不同行政区的高速公路公安交通管理部门应按照一定的程序，在上一级高速公路公安交通管理部门的统一指挥协调下采取交通管制措施。交通管制的具体程序如下：

（1）通过路面巡逻车或其他信息收集渠道发现辖区高速公路具备交通管制条件时，管辖路段的高速公路公安交通管理部门详细了解落实有关情况，并及时报告上一级高速公路公安交通管理部门；

（2）接到报告后，上一级高速公路公安交通管理部门对高速公路全线的气象条件和道路环境状况进行全面详细了解，并迅速根据掌握的情况制订交通管理方案；

（3）上一级高速公路公安交通管理部门将交通管制方案及管制的具体时间、地点通知有关行政区的高速公路公安交通管理部门；

（4）有关行政区的高速公路公安交通管理部门接到交通管制命令后，立即部署警力实施，并与辖区收费站、路政等部门进行配合；

（5）交通管制的解除依照上述程序进行。

# 4.7　高速公路管理模式

1992 年，国务院办公厅印发《关于交通部门在道路上设置检查站及高速公路管理问题的通知》（国办发〔1992〕16 号）。通知规定："在高速公路管理中，公路及公路设施的修建、养护和路政、运政管理及稽征等，由交通部门负责；交通管理（维护交通秩序、保障交通安全和畅通等）由公安部门负责"，"各地对高速公路管理的组织机构形式，由省、自治区、直辖市人民政府根据当地实际情况确定，暂不作全国统一规定"。当前我国高速公路交通管理有三个模式，如下。

1. 以条为主、条块结合

"以条为主"，指的是省级公安部门统筹全省（自治区、直辖市）高速公路交通安全管理工作，并直接下设专门部门进行管理，这种纵向直管的模式能较好地适应高速公路全封闭、全贯通的特点，统一指挥调度。

目前，北京、天津、河北、山西、内蒙古、吉林、黑龙江、上海、浙江、福建、江西、湖北、湖南、四川、云南、宁夏、甘肃、青海、新疆等 19 个省（自治区、直辖市）采取了这种管理模式。

其中，北京、天津、上海三个直辖市因其行政管理体制的特点，本身并不存在"块管"一说，但是均成立了专门的高速交警支队，与各区（县）交管支队平级。

"条块结合"有两层含义：一是管理权限方面，上述省份除吉林、湖南、四川等 3 地成立了高速公路公安机关，其余大多省份由公安厅成立专门高速公路管理部门，对高速公路交通实行垂直管理；二是本身的管辖范围方面，有些省份虽然明确规定由省级公安部门负责全省高速公路交通管理，但是部分绕城高速、企业投资兴建高速等由于地理位置、配套管理特殊需要等原因，由属地进行管理。

2. 以块为主、条块结合

"以块为主"是指，由地级行政区公安局对当地高速公路进行属地管理，省级公安机关负责交通安全管理工作的标准制定、宏观指导、监督考核等工作，人员、经费保障等由当地负责，优点是便于将高速公路交通管理纳入到当地社会治安防控体系中，应急救援和紧急处置顺畅。

目前，辽宁、江苏、安徽、山东、河南、广东、广西、海南、贵州、陕西、西藏等 11 个省（自治区）以这种模式进行管理。

　　其中，山东、河南、广西均成立了省级高速公路公安机关管理部门，山东、河南成立了高速交警总队，广西交警总队下设高速公路管理支队。河南自2001年8月起新开通高速公路实行属地管理，此后，河南各地级市均成立了专门的高速交警支队。类似的情况也出现在广西，广西壮族自治区公安厅交警总队高速公路支队下辖10个大队，管理省内部分高速，其余部分路段归地级市属地管辖。山东于2013年规定"全省高速公路交通安全管理和保畅通工作体制实行以属地管理为主的双重管理模式"，而"已由省公安厅管理的高速公路暂时维持现状"。因此，将上述3个省份归为"以块为主"模式。

　　3. 交通部门综合执法模式

　　重庆市2016年成立了交通行政执法总队，成为全国唯——个集路政、运政、港航和高速公路交通安全管理等职能于一体的交通综合执法机构。该机构隶属于重庆市交通运输厅，自1994年成渝高速公路重庆段试运行阶段起，重庆市交通部门开始实施路政、治安、交通安全"三位一体"的综合执法"试点"，一直持续至今，综合执法部门既执行《中华人民共和国公路法》，又执行《中华人民共和国道路交通安全法》，但不行使限制人身自由的行政处罚权。这种模式一定程度上避免了道路交通管理体制中公安与交通两部门的分歧与矛盾。

　　在高速公路针对恶劣天气的交通管理工作中，由于涉及多个部门和单位，在预警处置时应当遵循相应的工作规范和处置流程，高速交警通过制定相应的处置预案达到处置工作的科学化和规范化。

# 4.8　高速公路管理部门职责

　　由于高速公路属于多头管理，不同部门承担不同的职责，在实施处置预案时涉及多个管理部门，是预案制定和实施的基础，因此，有必要对高速公路管理部门进行说明。

　　目前我国高速公路管理主要是一路三方协作共管的运作模式。因此，在预案制定中，一般会要求高速公路行政主管部门、经营管理单位和其他单位按照《突发事件应对法》《公路法》《道路交通安全法》等法律法规规定，明确自身工作职责，落实人员、装备和工作措施，做好应急准备、应急协作、应急实战等工作。

　　恶劣天气条件下高速交警部门的主要职责是保安全和保畅通，具体到管理上包括交通巡逻管控、交通执法、维护公路秩序、疏导交通、处理交通事故、交通安全宣传引导、配合路政清障保畅通以及交通控制与管理等；具体到恶劣天气应对方面，主要是及时发现恶劣天气对高速公路交通的影响，实施交通应急管理工作措施，维护路面行车秩序，处理交通事故以及督促有关单位落实应急处置工作。

高速路政部门主要负责高速公路日常运营管理，督促清障施救企业准备大吨位吊车、拖车等施救设备，开展日常巡逻，及时发现和处置公路交通安全隐患，配合高速交警在交通事故现场和重要站口实施交通管制。所管辖的单位在交通管理方面的主要职责如下。

（1）服务区。恶劣天气时提供生活物资储备，为公众提供服务。

（2）高速公路收费站。在高速公路因恶劣天气实施各类交通管制措施时，要及时提醒驾驶人谨慎驾驶，并按要求关闭进站通道，劝阻客运车辆和危险化学品运输车辆通行高速公路。

（3）高速公路信息监控中心。在路面电子显示屏上滚动播发路面通行、管制、分流等交通信息，并积极协助交警、路政、养护等部门做好各项处置工作。

（4）清障施救服务队。做好辖区路段的清障施救工作，进行路面巡查，获取高速公路交通事故和故障车辆信息，及时进行清障施救。事故发生后配合交警进行现场交通管制，协助交警撤离滞留人员、抢救伤者和财产、恢复交通并做好撤场安全工作，为发生事故或故障车辆提供牵引、引吊等清障施救服务，清除路面残留物。

高速公路经营管理单位的主要职责为储备融雪剂、工业盐、草袋、推雪板、融雪剂撒布车、铲雪车、平地机等机械、物资，及时采取铲雪、除冰等措施，并在桥梁、坡路等易结冰路段，增设交通警示标志，及时处置交通安全隐患和其他交通突发事件；调集大吨位吊车、拖车等清障施救设备，配置充足的清障施救人员力量，驻点集结在重点服务区站口等重要节点，确保及时投入救援工作。

# 4.9　多部门联动协作机制

《高速公路应急管理程序规定》明确要求：各级公安机关应当结合实际，在本级人民政府统一领导下，会同环境保护、交通运输、卫生、安全监管、气象等部门和高速公路经营管理、医疗急救、抢险救援等单位，联合建立高速公路交通应急管理预警机制和协作机制。这种多部门联勤联动协作机制能在高速公路交通管理的应急处置、物资配备、信息预警、事故救援以及宣传引导等方面发挥出综合作用。

### 4.9.1 预案组成

预案一般包含以下几个部分。

（1）组织机构及职责。明确各级交管部门的应急指挥机构组成及其职责，一线路面交管部门一般会设置情报信息组、秩序管控组、疏导宣传组、清障施救组以及后勤保障组，并明确各组职责。

（2）应急启动级别制定及响应。确定预案启动的各级标准，按启动级别设定相应的响应等级，规定不同响应等级下公安交通管理部门的总体处理要求。

（3）具体应急处置措施。根据恶劣天气的影响程度，一般采取递进式管控措施，区域联勤联动，根据现场实际情况选择有较强针对性的措施。

（4）恶劣天气下出现交通事故、剧毒危化品车辆事故、隧道突发事故以及收费站出入口拥堵的处置措施。

（5）信息保障要求。信息上报、信息路面诱导发布、通过新闻媒体向社会公众发布等信息联络和沟通须通畅。

（6）社会联动保障。与气象部门协作、与高速公路管理部门、地方政府、地方交警部门、消防、环保、安监、急救医疗部门以及施救队加强联系、与宣传部门建立信息沟通，实现应急处置的社会联动。

（7）其他工作要求。明确责任要求，配备、配齐执勤执法装备等。

### 4.9.2 预案实施

恶劣天气风险处置预案是高速公路应急管理中的一部分，要符合高速公路应急管理程序的规定，预案实施的流程主要包括应急响应、应急准备、应急处置和信息上报及发布这四个步骤。以下对不同层级交警部门在实施恶劣天气交管应急处置时采取的预案核心内容进行表述。

### 4.9.3 国家级预案

根据公安部交管局《应对低温雨雪冰冻雾霾恶劣天气交通应急管理工作预案》要求，其预案实施的主要内容和流程如下。

1.　应急响应

根据低温雨雪冰冻雾霾恶劣天气对道路通行的影响范围和严重程度，分为一级和二级应急响应。

（1）一级响应

因低温、雨雪、冰冻、雾霾等恶劣天气造成全省（自治区、直辖市）主要道路交通中断 24 h 以上，导致邻省高速公路和主要国省道滞留车辆排队 30 km 以上的。

（2）二级响应

因低温、雨雪、冰冻、雾霾等恶劣天气造成或可能造成全省（自治区、直辖市）主要道路交通中断 12 h 以上，导致邻省高速公路和主要国省道滞留车辆排队 10 km 以上的。

二级以下应急响应由交警总队规定。公安部负责启动和实施一级响应，相关交警总队负责启动和实施二级响应，可视情况提高响应级别。

2.　应急准备

（1）定期收集恶劣天气信息

1）与中央气象台沟通，实时掌握全国低温雨雪冰冻雾霾等恶劣天气信息。

2）研判恶劣天气对道路通行的影响。

3）向相关地区发布恶劣天气交通影响预警通报。

（2）指导受恶劣天气影响地区做好应急准备

1）指导各地做好值班备勤，实时关注恶劣天气变化情况。

2）指导各地协调交通路政和高速公路经营管理单位备好应急物资、装备并摆放到桥梁、坡道等重要节点。

3）指导各地将警力部署到桥梁、坡道、弯道等重点路段。

4）指导各地通过广播、电视、互联网、电子显示屏，及时发布恶劣天气信息和道路通行信息。

3.　应急处置

（1）指导各地按照边降雪、边撒盐、边除雪、边铲冰的要求，协调交通部门和高速公路经营管理单位及时铲冰除雪。

（2）指导各地持续发布恶劣天气信息和道路通行信息。

（3）指导各地重点加强桥梁、坡道、弯道等重要节点的巡逻管控，通过喊话提示、警车带道、压速通行、压缩车道、编队通行等措施，引导车辆安全、有序通过。

（4）指导各地协调交通运输、消防、急救等部门将大吨位吊车、清障车、消防车、救护车摆到路面，停放到结冰路段和事故多发路段附近出入口、服务区，遇有故障和事故车辆能够快速出警、快速清理。

（5）指导各地加强与邻省（自治区、直辖市）交警总队的沟通，定时通报恶劣天气信息和道路通行信息，进行交通流量远端控制和调整。

（6）指导各地除出现能见度不足 50 m 的雾、路面严重结冰道路无法通行的情况外，不得关闭高速公路省际主线站。

（7）启动一级响应的，指挥部办公室派人赶赴现场指导应急处置工作。

4. 信息上报及发布

（1）交警总队在高速公路采取封闭道路、限制通行交通管理措施的，要及时上报。

（2）对于启动一级响应和二级响应的，部交通管理局汇总有关道路通行情况，并向公安部指挥中心报告。

（3）对于因低温雨雪冰冻雾霾等恶劣天气导致交通中断的，各交警要协调交通运输、广电、通信等部门建立公路交通应急信息发布机制，及时发布恶劣天气和道路通行信息、道路无法通行的客观原因和交警采取的处置措施。

## 4.9.4　省级预案

省高速公路交通管理部门按照部交通管理局《高速公路交通应急管理程序规定》和《应对低温雨雪冰冻雾霾恶劣天气交通应急管理工作预案》的总体要求，结合全省的实际情况制定和实施预案。

1. 应急响应

（1）启动标准

根据严重程度、处置难度和影响范围一般分为以下三级响应。

1）三级响应（一般严重）。出现暴雨、大雾、冰雪等恶劣天气，致能见度在 100～200 m 或者部分桥梁、涵洞路面等短距离路段因冰雪积结影响交通安全，但主干道具备通行条件或实施中断通行管制措施不影响相邻大队辖区道路车辆通行的。

2）二级响应（比较严重）。暴雨、大雾、冰雪等恶劣天气，致能见度在 100 m 以下，或结冰积结严重，车辆无法通行，影响 2 个以上大队辖区道路但不妨碍邻省高速公路车辆通行的。

3）一级响应（特别严重）。大雾、冰冻等恶劣天气致 3 个以上大队辖区高速公路大面积长距离车辆滞留的；或本省采取主干道临时中断通行管制措施致邻省高速公路或沿线地方公路车辆滞留的。

（2）响应启动程序

当值巡逻民警发现或接报上述天气后立即报告值班领导，并在巡查中续报路面情况。值班领导接报后，在规定时间内赶赴路面进一步掌握情况。路面情形达到应急响应级别的，下辖各级交警部门按响应级别和职责分工迅速开展工作。

1）符合三级响应情形的，由发生地大队启动三级响应机制。

2）符合二级响应情形的，由发生地大队报告上级部门值班领导同意后协同被影响地大队启动二级响应机制。

3）符合一级响应情形的，由市级高速交通管理部门启动或报请上级启动一级响应机制。

根据应急等级发展情况，按照响应级别逐级报告，在上级领导的指挥下开展工作。需要高速公路经营管理单位协作联动的，支队各级须实行对等协同联动。

2. 应急准备

省级高速交通管理部门应急准备工作参照部交通管理局相应要求，主要是指导下辖交警部门做好相应的应急准备工作。

3. 应急处置

省级高速交通管理部门对应急处置的要求参照部交通管理局相应要求，并在交通管制预案的具体操作层面提出相应要求和规定，如规定跨大队辖区、跨支队辖区等情况下交通管制如何进行协作处理。

4. 信息上报及发布

当启动、变更和完成联合交通管制措施，参与的下辖交警部门详细记录实施、变更、解除相关措施的时间、具体措施内容，并向省级高速交通管理部门报告相关情况。

## 4.9.5 市级预案

市级高速交通管理部门总体按照省级高速交管部门预案要求，并在预案中根据实际情况制定辖区范围内的具体管控方案，主要包括如下。

（1）辖区大队具体联动方案。当恶劣天气影响多个辖区大队时，针对各条路段明确管制时需要协调的其他大队，具体分流点设置，如何进行分流。

（2）交通管制具体措施的制定。根据支队辖区路况特点，制定辖区各大队进行交通管制时采取的措施原则，如何实施交通管制措施，进一步细化交通管制措施步骤等。

### 4.9.6　高速公路交警大队预案

高速公路交警大队总体按照省级和市级高速交通管理部门预案要求，并在预案中根据本地实际制定交通管制方案的具体实施方法，主要包括如下。

1. 交通管制措施的具体实施方法

制定符合本辖区路况特点的管制措施，拟定具体的遵循原则和实施顺序，明确每一项措施实施的步骤。

2. 交通管制具体程序

（1）发现辖区高速公路具备交通管制条件时，大队值班室应详细了解落实有关情况，并报大队值班领导和支队指挥中心；

（2）大队值班人员接到报告后，对相关报告的情况详细记录；

（3）确已具备交通管制条件时，经大队领导批准由大队值班室通知有关路面民警实施交通管制，并将交通管制的具体时间、地点、内容通知上级机关；

（4）大队民警在接到交通管制命令后，立即部署警力实施，并及时与辖区收费站、路政大队等联系，取得配合；

（5）交通管制的解除依照上述程序进行。

# 第5章 交通管制天气风险预警指标体系研究

当低温雨雪冰冻雾霾等恶劣天气来临时，公路交通应实施何种内容和级别的管制，与恶劣天气对道路安全的影响机理、持续时间及强度范围密不可分。构建不同典型场景下的交通管制天气风险预警指标体系，是客观研判与科学管理公路安全的基础支柱。本章遵循全面、实用、科学的原则，以天气为核心，综合道路及交通流状况的影响，建立了不同灾害情景下的预警分级指标。可为高速公路管理部门监测和评价道路通行安全风险，决策、制定应急管理处置方案提供科学依据。

## 5.1 风险预警指标构建原则

高速公路天气风险预警中的预警分析为高速公路安全管理提供重要对策途径，而预警分析就是要建立高速公路天气风险预警指标体系，确定指标的评价标准，从而达到科学评价和决策的目的，是预警管理的关键。一旦预警管理评价指标建立，这些指标分析所需的数据就是监测的主要对象。因此，高速公路天气预警指标体系的构建是开展预警分析的基础，也是高速公路天气风险预警管理的前提。

高速公路交通管制天气风险预警指标体系作为开展天气风险识别、诊断、预控的先前条件，构建应遵循以下原则。

1. 系统性

指标体系框架应具有层次和等级结构，所选指标必须在体现高速公路气象影响方面具有代表性、系统性和全面性，并且能灵敏反映高速公路运行风险的发生或发展动向。

2. 实用性

实用性原则是指所设计的指标体系要具有良好的适用性、可行性和可操作性。首先，评价指标体系要繁简适中，在保证评价结果客观性、全面性的条件下，应尽可能简化。其次，数据要易于获取，信息来源必须可靠。

3. 定量与定性相结合

指标体系设计应当满足定性与定量相结合的原则，在定性分析的基础上，进一步对指标进行量化处理，使指标能够更为客观地反映评价对象某方面的特征，具有较好的可量度性。

## 5.2 风险预警指标体系

交通管制天气风险预警指标体系应当能科学、客观地反映各类天气对交通不同对象（如对人、车、道路）的综合影响。参考现有研究成果及气象和交管相关专家的建议，构建了交通管制天气风险预警指标体系（图5.1），将天气、道路、交通流状况作为指标体系中的指标项，其中天气是核心指标，道路、交通流状况是影响性指标。

### 5.2.1 核心天气指标

将天气类型作为核心指标（天气）中的一级指标，天气类型主要有雾、雨、雪、冰冻、大风、沙尘、霾、高温。不同天气类型下相关的气象要素作为二级指标，气象要素包括能见度、风速、降雨量、降雨强度、降雪量、积雪深度、气温等。

### 5.2.2 影响性指标

在以往的研究中，对恶劣天气交通风险等级的划分通常仅考虑天气本身，以气象等级为分级依据。实际上，恶劣天气造成的交通风险并不是孤立存在的，而是与实时交通环境共同作用的结果。交通事故的发生都是由人、车、路、环境共同作用的，由于人和车辆的不可预测性，本书不考虑这部分影响。影响性指标重点考虑路面环境及交通情况，包括道路线形、位置类型、交通流状况等方面。以下介绍采用影响性指标的原因及影响性指标的分类方法。

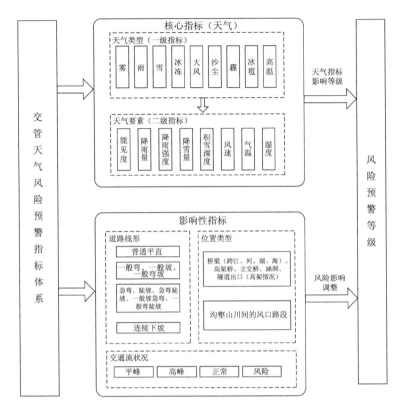

图 5.1　指标体系组成结构

## 1. 道路线形

道路线形展示了路线的前进方向、道路的外部轮廓及其上下起伏状态，这是驾驶人观察到的最直观、最具感觉特性的信息，为驾驶人的顺利驾驶提供了最基本保障。按照驾驶常识，驾驶人在行驶过程中，习惯于使视线平顺地按照自己的思维方式前进。实际场景中若视线一旦不符合这种思维方式，发生出乎驾驶人思维方式的意外情况，从心理学的应激来说，若能做到迅速操作，则这种情况可能就会有惊无险；但若没能迅速做出调整，那么驾驶人有可能手忙脚乱，甚至忙中出错，为高速公路交通安全埋下隐患。因此，从安全的角度考虑，道路线形几何要素的不合理以及种种不良的线形组合，按照上述分析均有可能导致交通事故的发生，对交通安全产生影响。根据实际情况，道路线形要素包括弯度和坡度两个方面，其中弯度有直线和曲线两种形式，坡度有平坡、一般坡和陡坡等形式。

（1）弯度

交通事故发生在转弯路段的概率较大，尤其是急弯路段。汽车在曲线上行驶，由于离心力作用增加了驾驶员操作上的困难，特别是当装载不合理时十分明显，同时会使车辆产生向外侧滑或倾翻，降低了车辆的稳定性和安全程度。国外研究表明：一般情况下曲线半径越小、曲线长度越长会导致越多的事故。根据美国公路部门统计，在弯道上发生的交通事故次数明显高于直线路段上事故次数，特别是弯道与坡路结合在一起时，发生在弯道上的事故会更多。在长直线上驾驶人容易高速行驶，导致在长直线末端不容易控制车速而引发交通事故。连接长直线末端的线形肯定是曲线，这种情况也导致曲线上的事故率较高。而在恶劣天气情况下，曲线道路容易导致驾驶人在拐弯中刹车，拐弯刹车会使得车的前进引力发生转变，车辆在前进的时候力量是正向前进，遇到拐弯前进力量不改变，此时刹车，在前进冲击力量的作用下，加上恶劣天气视线不佳和路面摩擦系数降低，车辆非常容易出现转向不足或出现刹车失阻现象，具有较大安全隐患。

（2）坡度

在恶劣天气情况下，驾驶人在高速公路上行车时，常常会根据能见度和路面情况随时采取制动措施，降低车速，车辆制动性能在此时就显得极其重要，直接关系到交通安全，是汽车安全行驶的重要保障。汽车制动性能主要体现在制动距离或制动减速度上。根据相关研究，除路面附着系数（与路面、气象类型和等级有关）外，道路线形中的纵坡坡度也是影响车辆制动距离的一个重要因素。纵坡坡度是指路线纵断面上同一坡段两点间的高差与其水平距离之比，以百分率表示。纵坡对交通事故的影响主要表现在对车辆的机械性要求比较高，坡度比较大时，不仅造成车辆速度差异比较大，还往往造成汽车上坡熄火，或下坡刹车失灵，进而诱发事故发生。在下坡路段处，由于受重力加速度影响，易造成车辆加速行使。坡度过大路段增加了驾驶员的操作强度，一旦遇有突发情况就可能导致事故。汽车的制动性能还体现在制动效能的力度稳定性和制动时汽车的方向稳定性上。制动过程实际上是汽车行驶的动能通过制动器转化为热能，所以在制动片温度升高后，能否保持在冷状态时的制动效能，对于高速时制动或长下坡连续制动都是至关重要的。因此，对交通安全影响主要体现在坡度和连续下坡方面。相关研究表明，当坡度大于 3% 时，上下坡事故率均随坡度增加而显著增加；在同等坡度的条件下，下坡事故率比上坡事故率高的原因主要是必须急刹车时，下坡行驶的制动距离比上坡行驶得长，制动器更容易发生故障。

根据《公路工程技术标准》（JTG B01—2014）（表 5.1～表 5.3）和交警日常管理经验将道路线形分为四类，即 A：普通平直，B：一般弯、一般坡、一般弯坡，C：急弯、陡坡、急弯陡坡、一般坡急弯、一般弯陡坡，D：连续下坡。

（1）弯度

高速公路平曲线半径如表 5.1 所示。

表5.1　高速公路平曲线半径

| 设计速度（km/h） | 120 | 100 | 80 | 60 |
| --- | --- | --- | --- | --- |
| 一般值（m） | 810 | 500 | 300 | 150 |
| 极限值（m） | 570 | 360 | 220 | 115 |

（2）坡度

高速公路纵坡坡度如表 5.2 所示，道路线形分类如表 5.3 所示。

表5.2　高速公路纵坡坡度

| 设计速度（km/h） | 120 | 100 | 80 | 60 |
| --- | --- | --- | --- | --- |
| 最大纵坡（%） | 3 | 4 | 5 | 6 |

表5.3　道路线形分类

| 道路线形 | 道路线形说明 |
| --- | --- |
| 一般弯 | 圆曲线半径大于等于表5.1规定一般值的弯道 |
| 一般坡 | 根据表5.2，纵坡小于或等于最大纵坡的坡 |
| 急弯 | 圆曲线半径小于表5.1规定一般值的弯道 |
| 陡坡 | 根据表5.2，纵坡大于最大纵坡的坡 |
| 连续下坡 | 长度大于3 km，平均纵坡度大于3%的连续下坡路段 |
| 一般弯坡 | 同时符合一般弯、一般坡 |
| 急弯陡坡 | 同时符合急弯、陡坡 |
| 一般坡急弯 | 同时符合一般坡、急弯 |
| 一般弯陡坡 | 同时符合一般弯、陡坡 |

## 2. 位置类型

从道路位置类型来说，高速公路中除去普通路段外，桥梁、高架桥、立交桥、涵洞等位置类型路段更易受恶劣天气影响。如桥梁（跨江、河、湖、海）、高架桥、立交桥、涵洞受冰雪影响比普通路段更为明显，风险更大。这主要是因为桥梁离地悬空，桥面温度下降更快，更容易结冰积雪，导致驾驶员在道路上行驶时没有遇到结冰，但上了高架或桥梁后，发现路面结冰或积雪。此时若车速过快或采取措施不当，易引发交通事故。另外，桥梁（跨江、河、湖、海）、高架桥、隧道出口（高架情况）以及沟壑山川间的风口路段受横风影响较普通路段风险大得多；部分涵洞由于地势低洼，在暴雨时会产生积水，对行车安全带来严重影响。

根据不同道路位置类型受恶劣天气影响的情况，将特殊位置类型分为两类，即 M：桥梁（跨江、河、湖、海）、高架桥、立交桥、涵洞、隧道出口（高架情况），N：沟壑山川间的风口路段。

## 3. 交通流状况

在影响驾驶员行车的诸多交通环境因素中，道路的交通流状况也对道路行车安全有一定影响。随着交通流量的增大，突发事件也随之增多，往往导致高速公路发生交通事故，产生长时间的拥堵。交通流的大小除直接影响着驾驶员的心理紧张程度严重与否外，也影响着交通事故率的高低。随着交通量的不断增大，高速公路上跟车间距过小，由于速度较快、能见度不足、路面湿滑以及操作不当等常导致交通事故。张铁军等（2009）针对山区双车道公路，研究货车比例对安全的影响，发现货车比例与各类型交通事故尤其是追尾事故、碰撞事故呈正影响关系。侯树展等（2011）将交通事故发生时段的交通流主要指标与事故信息进行数据匹配，分析流量、速度、大车比例等交通流指标与不同等级事故数的分布规律，发现在某些流量、速度或大车比例较高的区段，交通事故数及严重程度处于较高水平。郝亮等（2013）通过研究速度离散对行车安全的影响，发现并非交通流速度越大越不安全，而是与车辆需求安全距离的差越大越不安全。

通过交通流状况与事故的大致关系来分析交通流产生的风险情况。我国学者钟连德等（2007a，2007b）利用一条高速公路连续多年的事故数据和交通流数据，对交通量与相应路段的通行能力比值（$V/C$）和事故率的关系进行了统计分析，研究结果表明：当 $V/C$ 较低时，事故率比较高；随着 $V/C$ 增大，事故率逐渐降低；当 $V/C$ 为约通行能力一半稍多时，事故率最低；$V/C$ 再增大时，事故率又开始增大，$V/C$ 与事故率的关系呈 U 形曲线。其原因为当 $V/C$ 较小即交通量较小时，路面比较空旷，车辆之间的相互干扰小，行车自由度高，车速往往很快，一旦受恶劣天气影响，容易造成躲闪不及，产生安全隐患，此时发生的事故多为单车事故。随着交通量的增大，$V/C$ 增大，道路的利用率变高，车辆间有一定的干扰，行车速度随之降低，驾驶人此时警惕性增强，所以事故率下降。当 $V/C$ 达到一个比较大的值，事故率达到最低。但是随着 $V/C$ 进一步增大，车辆之间相互干扰就会严重，车辆变换车道超车需求增大，冲突随之增大，事故率上升，此时多发生剐蹭、追尾等多车事故。

从上面分析可以看出，$V/C$ 与交通风险具有一定的关系，故考虑采用道路服务水平来对交通流状况影响进行分类。因为道路服务水平是以道路上的运行速度和交通量与基本通行能力之比综合反映道路服务质量的重要指标，交管部门通常都熟悉或掌握，并广泛采用于描述交通负荷状况。服务水平以交通流状态为划分条件，定性地描述交通流从自由流、稳定流到饱和流、强制流的变化，根据《公路工程技术标准》（JTG B01-2014），服务水平分为六级（表 5.4）。

表5.4　高速公路服务水平分级

| 服务水平等级 | $V/C$ | 设计速度（km/h） | | |
| --- | --- | --- | --- | --- |
| | | 120 | 100 | 80 |
| | | 最大服务交通量 [（pcu/（h·ln）] | 最大服务交通量 [（pcu/（h·ln）] | 最大服务交通量 [（pcu/（h·ln）] |
| 一 | $V/C \leqslant 0.35$ | 750 | 730 | 700 |
| 二 | $0.35 < V/C \leqslant 0.55$ | 1200 | 1150 | 1100 |
| 三 | $0.55 < V/C \leqslant 0.75$ | 1650 | 1600 | 1500 |
| 四 | $0.75 < V/C \leqslant 0.90$ | 1980 | 1850 | 1800 |
| 五 | $0.90 < V/C \leqslant 1.00$ | 2200 | 2100 | 2000 |
| 六 | $V/C > 1.00$ | 0~2200 | 0~2100 | 0~2000 |

可以看出，服务水平与 $V/C$ 紧密相关，而且各级服务水平可以与 $V/C$ 变化的几个阶段相对应。因此，采用服务水平对影响因素进行分类，可以方便地对指标进行分级。

根据交警在日常工作中的管理经验，受交通流状况影响的风险等级主要包括两个方面：一是能见度方面，雾霾天气能见度降低，风险与交通量的大小基本呈正比关系，交通量越大风险越高，可将交通流状况分为平峰（对应服务水平一级、二级）和高峰（对应服务水平三级、四级、五级、六级）两类；二是路面附着系数方面，雨、冰雪天气下路面附着系数较低，风险与交通量的大小呈 U 形关系，此时可将交通流状况分为正常（对应服务水平二级）、风险（对应服务水平一级、三级、四级、五级、六级）。

### 5.2.3 风险预警等级

根据交通管制等级划分中对气象条件的基本要求，结合上述指标影响因素分析，利用交警日常交通管制工作经验（专家调查法），生成基于气象指标的风险预警等级。对应交通管制级别，交管天气风险预警等级分为四级（表 5.5）：Ⅰ级、Ⅱ级、Ⅲ级、Ⅳ级，其中Ⅰ级为最高级别。

表5.5  交管天气风险预警等级及含义

| 风险预警等级 | 等级含义 | 等级颜色 |
|---|---|---|
| Ⅰ | 严重风险 | 红色 |
| Ⅱ | 很高风险 | 橙色 |
| Ⅲ | 较高风险 | 黄色 |
| Ⅳ | 一般风险 | 蓝色 |

## 5.3  典型场景下预警指标分级

我国幅员辽阔，各地地理环境和气候条件差异显著，恶劣天气对公路交通安全的影响预警指标也具有地域性差异。本书选取具有典型气象特点的不同地域场景进行针对性的气象指标及风险预警分级。其中，雾天以湖北（多湖泊水系，雾情频发）为例；雨天以江苏（暴雨、雨季长）、山西（绵雨影响大）为例；雪、冰冻天气以山西、贵州、湖南为例；大风、高温以江苏、福建为例；沙尘、霾以山西为例。具体划分情况如下。

### 5.3.1 雾

根据公安部对高速公路能见度的管制要求，结合湖北雾情的特点，加入了团雾气象指标，具体分级指标如表 5.6 所示。

表5.6　雾风险预警分级

| 天气指标 | | 影响情况 | | 指标等级 | 道路线形和交通流量指标 | | | | | | | |
|---|---|---|---|---|---|---|---|---|---|---|---|---|
| | | | | | A | | B | | C | | D | |
| 能见度（V/m） | 道路 | | 驾驶人 | | 平峰 | 高峰 | 平峰 | 高峰 | 平峰 | 高峰 | 平峰 | 高峰 |
| 200≤V<500 | 路面变潮，路面摩擦系数较低 | | 不宜长时间驾驶 | 4 | IV | III | IV | III | III | III | IV | III |
| 100≤V<200 | 路面变潮，路面摩擦系数较低 | | 易疲劳、呼吸不畅 | 3 | III | III | III | III | III | II | III | II |
| 50≤V<100 或团雾 | 路面潮湿，路面摩擦系数低 | | 易疲劳、易急躁 | 2 | II | II | II | II | II | II | II | II |
| V<50 | 路面潮湿，路面摩擦系数低 | | 不能判断路况 | 1 | I | I | I | I | I | I | I | I |

## 5.3.2　雨

根据江苏降雨特点，如短时强降水（大暴雨），其特点是范围小、持续时间短、局地性强，容易在地面形成积水，并常伴有雷暴、冰雹等强对流天气情况，车辆在行进时容易打滑，刹车失阻，难以控制方向而影响交通安全；山西长时间绵雨天气，其特点是持续时间长，路面会形成水膜，加上浮尘和煤灰（如运煤的道路）等影响，对交通安全影响非常大。因此，在降雨中增加了强降雨和绵雨的情况，如表 5.7、表 5.8 所示。

表5.7　雨指标分级

| 指标项 | | | | | | 影响情况 | 指标等级 |
|---|---|---|---|---|---|---|---|
| 降雨强度（L/mm） | | | | 能见度（V/m） | 道路 | | |
| 10 min | 1 h | 12 h | 24 h | | | | |
| 2.1≤L<3.6 | 6≤L<10 | 2≤L<15 | 4≤L<25 | 300≤V<500 | 路面潮湿、低洼处有少量积水，路面摩擦系数较低 | | 4 |
| 3.6≤L<5 | 10≤L<15 | 15≤L<25 | 25≤L<45 | 150≤V<300 | 有明显积水，路面摩擦系数很低，车轮打滑，刹车失阻 | | 3 |
| 5≤L<7 | 15≤L<25 | 25≤L<40或降雨量0.1≤L≤1.9且持续时间达到1 d以上，路面有浮尘等污染物 | 45≤L<60 | 50≤V<150 | 有大量积水，路面摩擦系数很低，车轮打滑，刹车失阻 | | 2 |

续表

| 指标项 | | | | 影响情况 | | 指标等级 |
|---|---|---|---|---|---|---|
| 降雨强度（L/mm） | | | | 能见度（V/m） | 道路 | |
| 10 min | 1 h | 12 h | 24 h | | | |
| $L \geq 7$ | $L \geq 25$ | $L \geq 40$ | $L \geq 60$ | $V < 50$ | 低洼处积水漫上路边，低洼复杂路段交通受阻 | 1 |

注：降雨量与能见度是或的关系，当降雨量与能见度不在相应阀值区间时，取其中对应的较高级别。

表5.8　雨风险预警分级

| 指标等级 | 道路线形和交通流量 | | | | | | | |
|---|---|---|---|---|---|---|---|---|
| | A | | B | | C | | D | |
| | 正常 | 风险 | 正常 | 风险 | 正常 | 风险 | 正常 | 风险 |
| 4 | IV | III | III | III | III | III | III | III |
| 3 | III | III | II | II | III | II | III | II |
| 2 | II | II | II | II | II | II | II | II |
| 1 | I | I | I | I | I | I | I | I |

## 5.3.3　雪

　　山西、贵州多山区，降雪天气时常会出现路面雪结块现象，使路面湿滑坚硬，车辆行驶时车轮与路面间的摩擦系数减小，刹车制动能力降低，易引起车辆侧翻、追尾相撞甚至连环相撞事故，影响行车安全。以下通过降雪量、积雪深度以及降雪强度对雪的指标进行分级，如表5.9～表5.11所示。

表5.9　雪指标分级（一）

| 指标项 | | 气温（T/℃） | 影响情况 | | 指标等级 |
|---|---|---|---|---|---|
| 24 h降雪量（H/mm） | 24 h积雪深度（F/cm） | | 道路 | 驾驶人 | |
| $H < 2.5$ | $F < 2.0$ | $2 < T \leq 4$ | 路面有少量积雪，路面摩擦系数很低 | 易疲劳 | 4 |

续表

| 指标项 | | 气温 (T/℃) | 影响情况 | | 指标等级 |
|---|---|---|---|---|---|
| 24 h降雪量 (H/mm) | 24 h积雪深度 (F/cm) | | 道路 | 驾驶人 | |
| 2.5≤H<5.0 | 2.0≤F<4.0 | 0<T≤2 | 路面有较多积雪或结冰，路面摩擦系数很低，车轮打滑，刹车失阻 | 易疲劳，视线模糊判断力下降 | 3 |
| 5.0≤H<10.0 | 4.0≤F<8.0 | -2<T≤0 | 路面有较厚积雪或结冰，路面摩擦系数极低，车轮打滑，刹车失阻 | 易疲劳，视线受阻 | 2 |
| H≥10.0 | F≥8.0 | T≤-2 | 路面有深厚积雪或被冰雪覆盖，严重时可形成雪阻，路面摩擦系数极低，车轮打滑，刹车失阻 | 易疲劳，视线受阻，车距难以判断 | 1 |
| 雨夹雪 | | T≤0 | 冰水混合物覆盖路面，气温下降后形成冰面，路面摩擦系数很低，车轮打滑，刹车失阻 | 易麻痹大意，误判路况 | 2 |

注：降雪量、积雪深度是或的关系，指标等级的划分标准：24 h降雪量或积雪深度处于阈值区间，当降雪量或积雪深度不在相应阈值区间时，取其中对应的较高级别。

表5.10 雪指标分级（二）

| 指标项 | | | 影响情况 | | 指标等级 |
|---|---|---|---|---|---|
| 降雪强度（S/mm） | | 气温 (T/℃) | | | |
| 1 h | 10 min | | 道路 | 驾驶人 | |
| 0.2≤S<0.35 | 0.01≤S<0.15 | 2<T≤4 | 雪随风飘，路面摩擦系数较低，能见度下降 | 易疲劳 | 4 |
| 0.35≤S<0.55 | 0.15≤S<0.2 | 0<T≤2 | 雪开始覆盖路面，路面摩擦系数低，车轮易打滑，能见度较低 | 易疲劳，视线模糊判断力下降 | 3 |
| 0.55≤S<0.8 | 0.2≤S<0.3 | -2<T≤0 | 路面积雪，路面摩擦系数很低，车轮打滑，刹车失阻 | 易疲劳，视线受阻 | 2 |
| S≥0.8 | S≥0.3 | T≤-2 | 深厚积雪，严重时可形成雪阻，路面摩擦系数极低，车轮打滑，刹车失阻 | 易疲劳，视线受阻，车距难以判断 | 1 |

注：降雪强度1 h/10 min与气温是且的关系，指标等级的划分标准：降雪强度1 h/10 min且温度处于阈值区间，当不在相应阈值区间时，取其中对应的较高级别。

表5.11　雪风险预警分级

| 指标等级 | 道路线形 | | | | | | | | 位置类型 | | | |
|---|---|---|---|---|---|---|---|---|---|---|---|---|
| | A | | B | | C | | D | | M | | N | |
| | 正常 | 风险 | 正常 | 风险 | 正常 | 风险 | 正常 | 风险 | 正常 | 风险 | 正常 | 风险 |
| 4 | IV | III | III | III | III | III | III | III | III | III | IV | III |
| 3 | III | III | II | III | III | III | II | III | II | III | III | III |
| 2 | II | II | II | II | II | II | II | II | II | II | II | II |
| 1 | I | I | I | I | I | I | I | I | I | I | I | I |

## 5.3.4　冰冻

　　湖南地区在入冬和春初时，雨水较多，气温低，容易形成冻雨；多山区和桥隧，路面潮湿情况下遇到低温容易结冰，造成刹车失阻，风挡玻璃易结雾、结霜，驾驶人员视线受影响，灵活性降低。根据交警的实际工作经验，将低温结冰的临界预警气温值提高，使分级更符合实际，具体如表5.12、表5.13。

表5.12　冰冻指标分级

| 指标项 | | | | 影响情况 | | | 指标等级 |
|---|---|---|---|---|---|---|---|
| 降雨量 (1 h, $S$/mm) | 地表温度 ($T$/℃) | 气温 ($T$/℃) | 风速 ($W$/m/s) | 道路 | 机动车 | 驾驶人 | |
| $S \geq 2$ | $2<T\leq4$ | $0<T\leq2$ | $W\geq8$ | 桥面有结冰趋势，路面摩擦系数低 | 车轮易打滑、风挡玻璃有雾 | 略觉寒冷 | 4 |
| | $0<T\leq2$ | $-2<T\leq0$ | | 桥面结冰，路面有结冰趋势，路面摩擦系数低 | 刹车轻度失阻、风挡玻璃有雾 | 感觉寒冷，灵活性降低 | 3 |
| $S \geq 4$ | $-2<T\leq0$ | $-4<T\leq-2$ | / | 冻雨，路面有部分结冰，路面摩擦系数很低 | 刹车失阻，风挡玻璃结霜 | 感觉寒冷，反应能力下降 | 2 |
| | $T\leq-2$ | $T\leq-4$ | | 路面（桥面）大范围严重结冰，路面摩擦系数极低 | 冷启动困难、车轮打滑、刹车失阻、易故障 | 明显不适，反应迟钝 | 1 |

续表

| 指标项 | | | | 影响情况 | | | 指标等级 |
|---|---|---|---|---|---|---|---|
| 降雨量<br>（1h, $S$/mm） | 地表温度<br>（$T$/℃） | 气温<br>（$T$/℃） | 风速<br>（$W$/m/s） | 道路 | 机动车 | 驾驶人 | |

注：雨或雪降落到地面、地面潮湿时，取降雨量与地表温度/气温指标，降雨量与地表温度/气温为且的关系，指标等级的划分标准：降雨量且地表温度或气温处于阈值区间，当不在相应阈值区间时，取其中对应的较高级别。风速为影响性指标，达到阈值时，提高一级指标等级。

表5.13　冰冻风险预警分级

| 指标等级 | 道路线形 | | | | | | | | 位置类型 | | | |
|---|---|---|---|---|---|---|---|---|---|---|---|---|
| | A | | B | | C | | D | | M | | N | |
| | 正常 | 风险 | 正常 | 风险 | 正常 | 风险 | 正常 | 风险 | 正常 | 风险 | 正常 | 风险 |
| 4 | Ⅳ | Ⅲ | Ⅲ | Ⅲ | Ⅲ | Ⅲ | Ⅲ | Ⅲ | Ⅲ | Ⅱ | Ⅲ | Ⅲ |
| 3 | Ⅲ | Ⅲ | Ⅲ | Ⅱ | Ⅲ | Ⅱ | Ⅲ | Ⅱ | Ⅲ | Ⅱ | Ⅲ | Ⅱ |
| 2 | Ⅱ | Ⅱ | Ⅱ | Ⅱ | Ⅱ | Ⅰ | Ⅱ | Ⅱ | Ⅱ | Ⅰ | Ⅱ | Ⅱ |
| 1 | Ⅰ | Ⅰ | Ⅰ | Ⅰ | Ⅰ | Ⅰ | Ⅰ | Ⅰ | Ⅰ | Ⅰ | Ⅰ | Ⅰ |

## 5.3.5　大风

大风的主要影响除能见度之外，还包括机动车受风面受力，方向盘不宜控制、方向盘易失灵，车辆易失控、易倾覆等情况。江苏跨江大桥多，更容易受横风影响，根据交通管制对大桥侧风风力的要求，大风风险预警指标如表 5.14 所示。

表5.14　大风指标分级

| 指标项 | 影响情况 | 指标等级 | 道路线形和交通流量 | | | | | | | | 位置类型和交通流量 | | | |
|---|---|---|---|---|---|---|---|---|---|---|---|---|---|---|
| | | | A | | B | | C | | D | | M | | N | |
| 风速<br>（$W$/m/s） | 机动车 | | 平峰 | 高峰 | 平峰 | 高峰 | 平峰 | 高峰 | 平峰 | 高峰 | 平峰 | 高峰 | 平峰 | 高峰 |
| 10.8≤$W$<br><13.8 | 受风面受力 | 4 | Ⅳ | Ⅲ | Ⅳ | Ⅲ | Ⅳ | Ⅲ | Ⅳ | Ⅲ | Ⅲ | Ⅲ | Ⅲ | Ⅲ |
| 13.8≤$W$<br><20.7 | 受风面受力较明显，方向盘不易控制 | 3 | Ⅲ | Ⅲ | Ⅲ | Ⅲ | Ⅲ | Ⅲ | Ⅲ | Ⅲ | Ⅱ | Ⅱ | Ⅱ | Ⅱ |

续表

| 指标项 | 影响情况 | 指标等级 | 道路线形和交通流量 | | | | | | | | 位置类型和交通流量 | | | |
| --- | --- | --- | --- | --- | --- | --- | --- | --- | --- | --- | --- | --- | --- | --- |
| | | | A | | B | | C | | D | | M | | N | |
| 风速(W/m/s) | 机动车 | | 平峰 | 高峰 | 平峰 | 高峰 | 平峰 | 高峰 | 平峰 | 高峰 | 平峰 | 高峰 | 平峰 | 高峰 |
| 20.7≤W<24.4 | 受风面受力明显，方向盘易失灵 | 2 | II | II | II | II | II | II | II | II | II | II | II | II |
| W≥24.4 | 易失控、易倾覆 | 1 | I | I | I | I | I | I | I | I | I | I | I | I |

## 5.3.6　沙尘

沙尘常因强风而形成沙尘暴。在沙尘暴天气条件下，大风卷起沙尘，一方面，使道路能见度降低，驾驶人员的视线不清，车辆行驶阻力增大，影响行驶的稳定性；行驶中重心过高的车辆，还有被强大沙尘暴气流掀翻而引发交通事故的危险。另一方面，在这种天气条件下，容易引起人们的心理紧张、操作失当而引发交通事故。具体分级如表5.15所示。

表5.15　沙尘风险预警分级

| 指标项 | | 影响情况 | | 指标等级 | 道路线形和交通流量 | | | | | | | | 位置类型和交通流量 | | | |
| --- | --- | --- | --- | --- | --- | --- | --- | --- | --- | --- | --- | --- | --- | --- | --- | --- |
| | | | | | A | | B | | C | | D | | M | | N | |
| 风速(W/m/s) | 能见度(V/m) | 机动车 | 驾驶员 | | 平峰 | 高峰 | 平峰 | 高峰 | 平峰 | 高峰 | 平峰 | 高峰 | 平峰 | 高峰 | 平峰 | 高峰 |
| 8≤W<10.8 | 1000≤V<10000 | 路面覆盖薄沙，路面摩擦系数较低 | 易疲劳 | 4 | IV | III | IV | III | IV | III | IV | III | III | III | III | III |
| 10.8≤W<17.2 | 500≤V<1000 | 路面覆沙，路面摩擦系数低，车轮易打滑，方向盘不易控制 | 明显不适，易疲劳 | 3 | III | III | III | III | III | III | III | III | II | II | II | II |
| 17.2≤W<24.4 | 50≤V<500 | 路面摩擦系数低，车轮打滑，方向盘受风力易失灵 | 易疲劳，无法判断道路情况 | 2 | II | II | II | II | II | II | II | II | II | II | II | II |

续表

| 指标项 | | 影响情况 | | 指标等级 | 道路线形和交通流量 | | | | | | | | 位置类型和交通流量 | | | |
|---|---|---|---|---|---|---|---|---|---|---|---|---|---|---|---|---|
| | | | | | A | | B | | C | | D | | M | | N | |
| 风速 (W/m/s) | 能见度 (V/m) | 机动车 | 驾驶员 | | 平峰 | 高峰 | 平峰 | 高峰 | 平峰 | 高峰 | 平峰 | 高峰 | 平峰 | 高峰 | 平峰 | 高峰 |
| W≥24.4 | V<50 | 路面摩擦系数低，车轮打滑，易倾覆 | 易疲劳，无法判断道路情况 | 1 | I | I | I | I | I | I | I | I | I | I | I | I |

注：风力和能见度为或的关系，当同时满足两个条件时，取较高级别。

## 5.3.7　霾

霾因素对机动车道路交通安全的影响主要表现在对能见度的影响。具体指标分级见表 5.16。

表5.16　霾风险预警分级

| 指标项 | 影响情况 | 指标等级 | 道路线形和交通流量 | | | | | | | |
|---|---|---|---|---|---|---|---|---|---|---|
| | | | A | | B | | C | | D | |
| 能见度 (V/m) | 驾驶人 | | 平峰 | 高峰 | 平峰 | 高峰 | 平峰 | 高峰 | 平峰 | 高峰 |
| 200≤V<500 | 较易疲劳 | 4 | IV | III | IV | III | IV | III | IV | III |
| 100≤V<200 | 易疲劳、不适 | 3 | III | III | III | III | III | II | III | II |
| 50≤V<100 | 易疲劳、紧张易操作失当 | 2 | II | II | II | II | II | II | II | II |
| V<50 | 明显不适、难以判断路况、易操作失当 | 1 | I | I | I | I | I | I | I | I |

## 5.3.8　高温

江苏在夏天时高温天气多发，高温状态下沥青路面变软、融化、变黏，机动车不易散热、易故障、易爆胎，加上高速公路交通流量大，加大了行车安全隐患。具体分级如表 5.17、表 5.18。

表5.17　高温指标分级

| 指标项（温度） | | 影响情况（天气状况：晴、多云、阴） | | | 指标等级 |
|---|---|---|---|---|---|
| 气温<br>（$T/℃$） | 地表温度<br>（$R/℃$） | 道路 | 机动车 | 驾驶人 | |
| $30≤T<32$ | $40≤R<45$ | 状态良好，路面摩擦系数中、高 | 较易控制 | 感觉正常 | 4 |
| $32≤T<36$ | $45≤R<56$ | 沥青路面有变软趋势 | 轮胎温度高 | 感觉不适 | 3 |
| $36≤T<40$ | $56≤R<66$ | 沥青路面变软，路面摩擦系数低 | 不易散热、易故障、易爆胎 | 感觉不适，易疲劳 | 2 |
| $T≥40$ | $R≥66$ | 沥青路面变软、黏，路面摩擦系数低 | 极易发生爆胎 | 明显不适，易中暑、易疲劳、烦躁 | 1 |

注：气温和地表温度为或的关系，当同时满足两个条件时，取较高级别。

表5.18　高温风险预警分级

| 指标等级 | 道路线形 | | | | | | | |
|---|---|---|---|---|---|---|---|---|
| | A | | B | | C | | D | |
| | 平峰 | 高峰 | 平峰 | 高峰 | 平峰 | 高峰 | 平峰 | 高峰 |
| 4 | IV | III | IV | III | IV | III | IV | III |
| 3 | III | III | II | II | III | III | III | II |
| 2 | II | II | II | II | II | II | II | II |
| 1 | I | I | I | I | I | I | I | I |

## 5.3.9　指标等级划分说明

当有两种恶劣天气同时出现时，以其中较高级别划定为高速公路气象指标等级。当有三种或三种以上恶劣天气同时出现时，在其中最高等级划定的基础上提高一个等级。

# 5.4　预警指标检验

## 5.4.1　检验资料

逐 10 min 的公路交通气象观测站、公路沿线 2 km 范围内地面气象观测站资料以及江苏省交通管制信息资料（管制级别分为 4 级，分别为特级、一级、二级和三级，检验时分别用数字 1、2、3、4 表示）。

## 5.4.2　检验方法

重点针对雨、雪、风三种天气的小时和 10 min 的气象预警指标进行检验。将气象预警指标得出的风险预警等级和管制级别进行对比，开展指标合理性分析。

## 5.4.3　检验个例

以江苏省为检验目标，选取 3 个典型恶劣天气个例，具体详情见表 5.19。

表5.19　恶劣天气个例

| 恶劣天气类型 | 过程名称 | 江苏天气描述 |
|---|---|---|
| 雨风 | 2018年8月17日台风"温比亚" | 受台风"温比亚"影响，8月17日，江苏中南部出现暴雨，江苏西南部等地大暴雨，江苏无锡等地特大暴雨（250～333 mm）；江苏出现7～9级阵风，江苏沿江阵风达10～11级。 |
| 降雪 | 2018年1月2—4日中东部大范围雨雪天气过程 | 2—4日，我国中东部大部地区出现雨雪天气过程。其中对于江苏地区，3日出现降雪或雨转雪、雨夹雪，降水量普遍有2～8 mm，江苏南部的部分地区10～25 mm，江苏西南部的局地30～41 mm；4日，江苏中北部出现中到大雪，局地出现暴雪（10～18 mm）。 |
|  | 2018年1月24—27日 | 受冷空气影响，24—27日我国中东部大部地区出现雨雪天气过程。对于江苏地区，25日，江苏西南部出现大到暴雪，局地有大暴雪，部分地区积雪深度达到5 cm以上；26日，江苏南部出现了大到暴雪，部分地区积雪深度达到5～10 cm；27日，江苏西南部出现了大到暴雪，部分地区积雪深度达到5～15 cm。 |

### 5.4.4 检验结果分析

1. 降雨风险预警指标检验

（1）管制情况分析

从江苏省的管制信息来看，从2018年8月17日00时08分开始，受降雨影响，徐州、南京、淮安、泰州、镇江、南通、常州、盐城、苏州、无锡、连云港、宿迁等地境内的95条高速路段实行了交通管制，其中三级管制50条、二级管制38条、一级管制5条、特级管制2条（图5.2）。

图5.2　2018年8月17—18日江苏省因暴雨交通管制路段

（2）小时级降雨指标分析

以长深高速（G25）南京市界-无锡市界路段为例，分析暴雨天气预警指标的合理性。图5.3表明，降雨主要集中在17日，最强时段为17日11—12时，天气风险预警等级达到一级（红色）、二级（橙色）；另外，其他小时降雨量较强的时段也达到了三级（黄色）、四级（蓝色）。实际交通管制情况如下：17日10时45分开始实行二级交通管制，12时27分升级为一级交通管制，14时08分管制结束。17日22时31分再次启动三级交通管制，至18日08时16分结束。实际交通管制时段覆盖了降雨最强的时段，同时可能由于降雨对交通影响的滞后效应，17日18时降雨减弱以后，依然实行三级交通管制。

从该路段降雨量与能见度之间的关系来看（图5.4），虽然降雨量强度达到一级风险指标时，能见度也较低（500～1000 m），但这种关系并不稳定；降雨

量不强时，能见度也会降到 1 km 以下。因此，在暴雨天气指标的选取时，降雨
量和能见度指标采用或的关系比较合理。

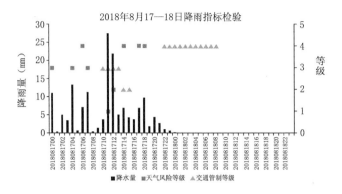

图 5.3　2018 年 8 月 17—18 日 G25 南京市界到无锡市界段降雨指标检验

| | 降雨量（mm） | | | | 能见度（m） | |
|---|---|---|---|---|---|---|
| 2018081700 | 11 | 27.8 | 98 | 3.7 | 501 | 9 |
| 2018081701 | 0.4 | 27.6 | 98 | 3.9 | 1023 | 7 |
| 2018081702 | 5.1 | 27.3 | 98 | 4.2 | 540 | 9 |
| 2018081703 | 3.5 | 27.1 | 98 | 4.6 | 1084 | 8 |
| 2018081704 | 13.3 | 26.9 | 99 | 4.8 | 709 | 9 |
| 2018081705 | 0.7 | 26.7 | 98 | 3.8 | 1193 | 8 |
| 2018081706 | 7.1 | 26.8 | 98 | 5.1 | 1156 | 9 |
| 2018081707 | 11.2 | 28 | 98 | 5.1 | 972 | 9 |
| 2018081708 | 0.4 | 29 | 97 | 4.7 | 1967 | 7 |
| 2018081709 | 1.4 | 29.6 | 97 | 5.4 | 2466 | 8 |
| 2018081710 | 3.7 | 30.3 | 98 | 5.4 | 1822 | 9 |
| 2018081711 | 27.5 | 31 | 99 | 5.7 | 644 | 10 |
| 2018081712 | 21.8 | 31.3 | 99 | 7.1 | 949 | 10 |
| 2018081713 | 5 | 31.8 | 98 | 6 | 1392 | 9 |
| 2018081714 | 6.8 | 32.2 | 98 | 4.5 | 1680 | 9 |
| 2018081715 | 4.3 | 26.1 | 98 | 3.6 | 1937 | 9 |
| 2018081716 | 3.7 | 26.2 | 98 | 3.1 | 2029 | 9 |
| 2018081717 | 7 | 26.3 | 98 | 3.4 | 1361.3 | 9 |
| 2018081718 | 9.7 | 26.3 | 98 | 3.2 | 1075 | 9 |
| 2018081719 | 1.8 | 26.6 | 97 | 3.8 | 1815 | 8 |
| 2018081720 | 4.4 | 26.5 | 98 | 3.4 | 923 | 9 |
| 2018081721 | 2.7 | 26.6 | 97 | 3 | 538 | 9 |
| 2018081722 | 1.1 | 27.2 | 97 | 3.3 | 2603 | 8 |
| 2018081723 | 0.7 | 26.8 | 94 | 3 | 1553 | 8 |
| 2018081800 | 0.2 | 26.8 | 94 | 3.2 | 6502 | 7 |
| 2018081801 | 0 | 27.7 | 90 | 3.8 | 383 | 18 |
| 2018081802 | 0 | 27.3 | 90 | 5.8 | 349 | 18 |
| 2018081803 | 0 | 27.3 | 90 | 5.8 | 303 | 18 |
| 2018081804 | 0 | 27.3 | 90 | 5.8 | 1129 | 99 |
| 2018081805 | 0 | 27.5 | 90 | 5.5 | 2899 | 99 |
| 2018081806 | 0 | 27.5 | 90 | 5.5 | 3541 | 99 |
| 2018081807 | 0 | 27.6 | 90 | 5.5 | 2238 | 99 |
| 2018081808 | 0 | 28.8 | 83.1 | 2.8 | 4847 | 99 |
| 2018081809 | 0 | 30.2 | 80 | 3.2 | 4662 | 99 |
| 2018081810 | 0 | 30.7 | 77.9 | 4.5 | 4644 | 99 |
| 2018081811 | 0 | 31.7 | 74.9 | 3.8 | 5365 | 99 |
| 2018081812 | 0 | 32.5 | 71.5 | 3.8 | 4607 | 99 |

图 5.4　2018 年 8 月 17—18 日 G25 南京市界到无锡市界段降雨量与能见度的关系表

（3）分钟级降雨指标分析

根据10 min降雨预警指标划分（表5.7）计算了江苏的降雨天气风险预警等级。结果表明：00时20分，江苏徐州睢宁出现17日首个降雨预警（四级，蓝色）；00时30分—00时40分，南京局地10 min降雨量达7.7 mm（能见度721 m），降雨风险预警等级达一级（红色）；01时20分—03时00分，江苏中部和南部降雨风险预警等级较高，其中扬州宝应、淮安洪泽、南通海安在部分时段可达二级（橙色）或一级（红色）；03时00分—12时30分，江苏中部降雨风险预警等级降低，而南部的较高风险仍在维持，但以四级（蓝色）或三级（黄色）风险等级为主，其中在泰州、扬州、南京、南通、无锡出现了短暂的二级（橙色）或一级（红色）预警等级；12时30分—15时30分，随着降雨强度的增强，江苏南部的降雨风险预警等级有所增大，其中以泰州和南京受影响程度最高，二级（橙色）和一级（红色）预警频发；15时30分以后，降雨高风险区域逐渐缩小，但南京地区仍持续四级（蓝色）及以上预警级别，其中北部地区的部分时段达二级（橙色）或一级（红色）预警等级。图5.5给出了江苏南京779002站（G25）8月17日逐10 min间隔的降雨风险预警等级。

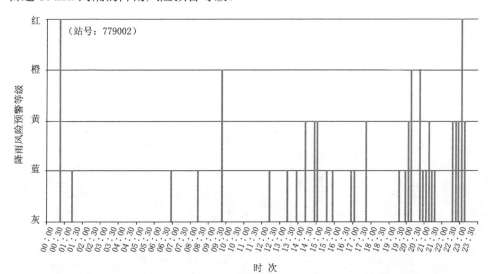

图5.5    江苏南京779002站8月17日逐10 min间隔的降雨风险预警等级

从高速管制与预警信息对照表（表5.20）中可以看出，管制期间高速所在行政区域的风险预警等级基本在三级（黄色）及以上级别，并且降雨风险预警等级出现四级（蓝色）或级别提升的时间也与管制开始时间有很好的对应。

表5.20　江苏高速管制与预警信息对照表

（降雨，20180817）

| 管制路段所在城市 | 管制高速条数 | 管制期间风险预警等级 | | | | 管制路段所在城市 | 管制高速条数 | 管制期间风险预警等级 | | | |
|---|---|---|---|---|---|---|---|---|---|---|---|
| | | 红 | 橙 | 黄 | 蓝 | | | 红 | 橙 | 黄 | 蓝 |
| 徐州 | 13 | | √ | | √ | 常州 | 9 | \ | \ | \ | \ |
| 南京 | 11 | √ | √ | √ | √ | 盐城 | 13 | \ | \ | \ | \ |
| 淮安 | 11 | | √ | | √ | 苏州 | 5 | \ | \ | \ | \ |
| 泰州 | 6 | √ | √ | | √ | 无锡 | 1 | √ | √ | √ | √ |
| 镇江 | 12 | | | | √ | 连云港 | 5 | | | | |
| 南通 | 4 | | √ | √ | √ | 宿迁 | 5 | | | | √ |

注：√代表出现的风险预警等级，\代表数据缺测无资料，空白代表没有计算出风险预警等级。

### 2. 大风风险预警指标检验

（1）管制情况分析

江苏境内因大风采取交通管制路段如图 5.6 所示：特级及一级管制路段主要分布在江苏境内沪陕高速以南的部分路段，二级及三级管制主要分布在沿海的部分高速路段，如沈海高速等。具体来看，从 8 月 17 日 03 时 10 分开始，受大风影响，南通、连云港、泰州、盐城、常州、南京等地境内的 34 条高速路段实行了交通管制，其中三级管制 12 条、二级管制 11 条、一级管制 6 条、特级管制 5 条。

（2）小时级大风指标分析

以南京绕城高速（G2501）程桥枢纽—麒麟枢纽路段为例，具体分析大风天气风险预警指标（图 5.7）。8 月 17 日早上，风速不断加大，12 时左右风速最大，达到 10 m/s 左右，之后开始减小。其中，17 日 06 时至 18 日 02 时时段，天气风险预警指标等级达到了三级（黄色）、四级（橙色）。实际管制情况如下，8 月 17 日 12 时 57 分开始采取特级交通管制，15 时 04 分降为一级交通管制，至 18 日 05 时 50 分。实际管制等级高于天气风险等级，这也验证了，在实际管制过程中，除天气影响因素外，交通流量、道路线型等非气象因素影响也很重要。

从该路段风速与能见度的关系来看（图 5.8），两者也没有呈现出较好的相关关系，同一风速范围，能见度变化幅度很大，风速较高的时刻，能见度也可以很高，因此，天气风险预警指标中宜采用"或"的关系判断。

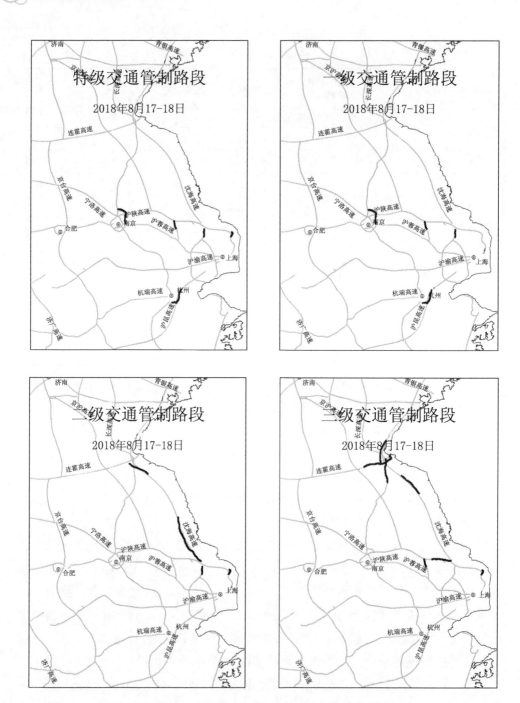

图 5.6　2018 年 8 月 17—18 日江苏省因大风交通管制路段

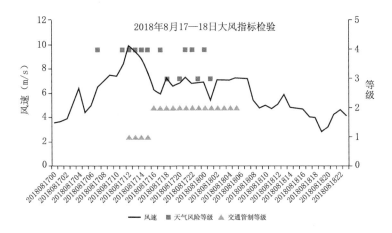

图 5.7   2018 年 8 月 17–18 日 G2501 程桥枢纽 – 麒麟枢纽段大风指标检验

| | | | | 风速 (km/h) | 能见度 (m) | |
|---|---|---|---|---|---|---|
| 2018081700 | 0.9 | 27.9 | 98 | 3.6 | 2891 | 8 |
| 2018081701 | 3.1 | 27.3 | 99 | 3.7 | 2980 | 8 |
| 2018081702 | 3.7 | 26.8 | 100 | 3.9 | 2909 | 9 |
| 2018081703 | 5.1 | 26.7 | 99 | 5.2 | 1573 | 9 |
| 2018081704 | 4.5 | 26.4 | 100 | 6.4 | 1854 | 9 |
| 2018081705 | 7.3 | 26.4 | 99 | 4.4 | 1440 | 9 |
| 2018081706 | 2.5 | 26.5 | 99 | 5 | 1378 | 8 |
| 2018081707 | 6.7 | 27.2 | 99 | 6.5 | 851 | 9 |
| 2018081708 | 0.3 | 28.5 | 94 | 7 | 3383 | 7 |
| 2018081709 | 3.9 | 29 | 99 | 7.5 | 3015 | 9 |
| 2018081710 | 2.8 | 30.2 | 92 | 7.4 | 1137 | 8 |
| 2018081711 | 2.4 | 30.5 | 97 | 8.3 | 2108 | 8 |
| 2018081712 | 12.6 | 30.4 | 100 | 9.9 | 1272 | 9 |
| 2018081713 | 8.7 | 31.1 | 100 | 9.6 | 1320 | 9 |
| 2018081714 | 9.7 | 31.3 | 100 | 8.9 | 1136 | 9 |
| 2018081715 | 13.2 | 25.8 | 100 | 7.7 | 700 | 9 |
| 2018081716 | 5.6 | 26.1 | 100 | 6.3 | 1354 | 9 |
| 2018081717 | 4.8 | 26 | 100 | 6 | 861 | 9 |
| 2018081718 | 15.9 | 25.9 | 100 | 7.3 | 444 | 9 |
| 2018081719 | 3.7 | 26.1 | 100 | 6.3 | 1694 | 9 |
| 2018081720 | 22.7 | 25.9 | 100 | 6.5 | 360 | 10 |
| 2018081721 | 15.7 | 26.1 | 100 | 7.3 | 541 | 9 |
| 2018081722 | 9.1 | 26.1 | 100 | 6.8 | 755 | 9 |
| 2018081723 | 24.8 | 26 | 100 | 6.4 | 431 | 10 |
| 2018081800 | 8.6 | 26.3 | 100 | 6.9 | 696 | 9 |
| 2018081801 | 8.7 | 26.4 | 100 | 5.4 | 459 | 9 |
| 2018081802 | 0.5 | 26.7 | 99 | 7.1 | 3089 | 7 |
| 2018081803 | 0 | 26.9 | 95 | 7.1 | 4461 | 99 |
| 2018081804 | 0 | 27 | 94 | 7.1 | 6981 | 99 |
| 2018081805 | 9999 | 27 | 95 | 7.2 | 2092 | 7 |
| 2018081806 | 9999 | 27.1 | 92 | 7.2 | 4905 | 99 |
| 2018081807 | 9999 | 27.2 | 90 | 7.2 | 8915 | 99 |
| 2018081808 | 0 | 28.5 | 88.1 | 5.4 | 9974 | 99 |
| 2018081809 | 0 | 29.4 | 88.3 | 4.8 | 10000 | 99 |
| 2018081810 | 0 | 30.2 | 85.7 | 5 | 10000 | 99 |
| 2018081811 | 0 | 30.9 | 83.3 | 4.7 | 10000 | 99 |
| 2018081812 | 0 | 32 | 78.3 | 5.1 | 10000 | 99 |
| 2018081813 | 0 | 32.9 | 73.5 | 5.9 | 10000 | 99 |

图 5.8   2018 年 8 月 17—18 日 G2501 程桥枢纽—麒麟枢纽段风速与能见度的关系表

（3）分钟级大风指标分析

8月17日00时30分—04时30分，江苏南通、镇江大风风险预警等级基本维持在四级（蓝色），其中02时50分—03时20分南通平均风力达6级，预警等级为三级（黄色）；04时50分开始，江苏境内受台风大风影响的区域逐渐扩大，除了南通和镇江，泰州、扬州、常州、连云港、南京、淮安大风风险预警等级依次升高，可达四级（蓝色）或三级（黄色），其中南通沿海（跨海大桥）频繁出现二级（橙色）甚至一级（红色）预警；20时以后，随着风力的减弱，江苏东部的大风风险预警等级降低至四级（蓝色）以下，而江苏西南部的南京、扬州、镇江、淮安等地依然维持四级（蓝色）或三级（黄色）的风险预警等级。其中，11时10分、12时50分，镇江沿江地区出现大风风险二级（橙色）预警；23时，南京北部出现大风风险一级（红色）预警（风力5级，能见度93 m）。图5.9给出了江苏南京776736站（G2501）8月17日逐10 min间隔的大风风险预警等级。

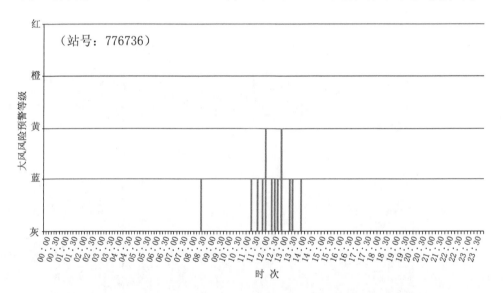

图5.9　江苏南京776736站8月17日逐10 min间隔的大风风险预警等级

从高速管制与预警信息对照表（表5.21）中可以看出，管制期间高速所在行政区域的风险预警等级基本在四级（蓝色）或以上级别，低能见度会增加大风的风险预警级别；此外，大风风险等级出现四级（蓝色）或级别提升的时间也与管制开始时间有很好的对应。

表5.21 江苏高速管制与预警信息对照表

（大风，20180817）

| 管制路段所在城市 | 管制高速条数 | 管制期间风险预警等级 | | | | 管制路段所在城市 | 管制高速条数 | 管制期间风险预警等级 | | | |
|---|---|---|---|---|---|---|---|---|---|---|---|
| | | 红 | 橙 | 黄 | 蓝 | | | 红 | 橙 | 黄 | 蓝 |
| 南通 | 11 | √ | √ | √ | √ | 连云港 | 4 | | | | √ |
| 泰州 | 13 | | | √ | √ | 盐城 | 2 | \ | \ | \ | \ |
| 常州 | 2 | \ | \ | \ | \ | 南京 | 2 | √ | | √ | √ |

注：√代表出现的风险预警等级，\代表数据缺测无资料，空白代表没有计算出风险预警等级。

### 3. 降雪风险预警指标检验

（1）2018年1月2—4日中东部大范围雨雪天气过程

受南支槽东移和南下冷空气共同影响，2—4日，我国中东部大部地区出现雨雪天气过程。其中对于江苏地区，3日出现降雪或雨转雪、雨夹雪，降水量普遍有2～8mm，江苏南部的部分地区10～25mm、江苏西南部的局地30～41mm；4日，江苏中北部出现中到大雪，局地出现暴雪（10～18mm）。

1）管制情况分析

针对此次过程，江苏省中北部采取了不同程度的交通管制措施（图5.10）。具体来看：3日13时15分至4日23时59分，受降雪影响，江苏常州、淮安、南京、南通、泰州、宿迁、徐州、盐城、扬州、镇江、连云港、无锡境内的163条高速路段实行了交通管制，其中三级管制26条、二级管制63条、一级管制51条、特级管制23条。

2）小时级降雪指标分析

以沪陕高速（G40）正谊枢纽—南京市界路段为例，使用该路段降雪量数据具体分析天气及管制情况（图5.11）。3—4日，该路段一直有降水发生，前期气温较高，以降雨为主，由于降雨量较小，天气风险等级较低；但随着气温的降低，3日20时左右逐渐转为雨夹雪，3日21时36分交通部门启动二级交通管制，至4日18时21分。随着降雪的继续，夜间气温进一步降低，4日22时09分，交通部门再次启动一级交通管制至5日08时35分。虽然本过程该路段降水量总体不大，但由于气温较低，以雨夹雪或降雪为主，道路湿滑或道路结冰的风险高，因此交通部门及时采取相应的交通管制。

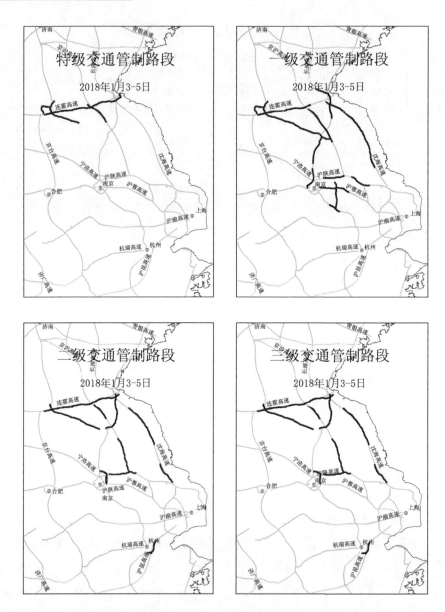

图 5.10　2018 年 1 月 3—5 日江苏省因降雪交通管制路段

3）分钟级降雪指标分析

3 日，14 时 00 分—15 时 10 分，江苏南京因雨夹雪出现降雪风险二级（橙色）预警；15 时 10 分—18 时 00 分，江苏境内受降雪橙色预警（雨夹雪所致）影响的路段范围开始逐渐扩大，其中以南京和淮安地区为主；18 时以后，除了南京和淮安，镇江、扬州、泰州、无锡、南通、徐州也依次因雨夹雪天气而出现降雪风险橙色预警。

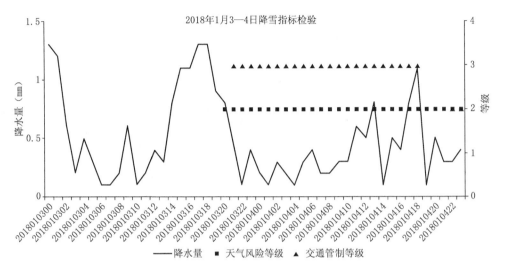

图 5.11  2018 年 1 月 3—4 日 G40 正谊枢纽－南京市界段降雪指标检验

4 日，上述地区依然维持橙色降雪风险预警等级；02 时开始，镇江降雪风险等级降为四级（蓝色）以下，而连云港因雨夹雪的出现，降雪风险等级提为二级（橙色），同时，徐州部分地区因雨夹雪转雪，降雪风险等级变为四级（蓝色）至二级（橙色），其中 08 时 20 分—09 时 30 分，因 10 min 降雪量达到 0.3 mm 以上（能见度在 800 m 以上），降雪风险等级频繁达到一级（红色）；21 时以后，随着气温的降低，江苏中北部以雪为主，降雪风险等级基本维持在四级（蓝色）至二级（橙色），而江苏南部大部地区依然因雨夹雪而维持降雪风险二级（橙色）预警级别。图 5.12 给出了江苏徐州 58130 站（淮徐高速）1 月 3—4 日逐 10 min 间隔的降雪风险预警等级。

注：因 10 min 观测数据缺少天气现象，所以暂时根据气温判断雨雪相态（-2～2℃为雨夹雪），这会对检验结果的准确性造成一定影响。

从高速管制与预警信息对照表（表 5.22）中也可以看出，管制期间高速所在行政区域的风险预警等级基本为四级（蓝色）或二级（橙色）（因观测数据精度不足，三级（黄色）预警等级没有显现出来）；降雪风险等级出现告警的时间也与管制开始时间有很好的对应。

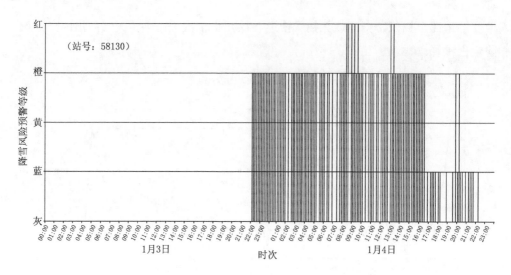

图 5.12　江苏徐州 58130 站 1 月 3—4 日逐 10 min 间隔的降雪风险预警等级

表5.22　江苏高速管制与预警信息对照表

（降雪，20180103-20180104）

| 管制路段所在城市 | 管制高速条数 | 管制期间风险预警等级 | | | | 管制路段所在城市 | 管制高速条数 | 管制期间风险预警等级 | | | |
|---|---|---|---|---|---|---|---|---|---|---|---|
| | | 红 | 橙 | 黄 | 蓝 | | | 红 | 橙 | 黄 | 蓝 |
| 徐州 | 37 | √ | √ | | √ | 常州 | 10 | \ | \ | \ | \ |
| 南京 | 15 | | √ | | | 盐城 | 17 | \ | \ | \ | \ |
| 淮安 | 17 | | | | √ | 扬州 | 10 | | | √ | |
| 泰州 | 10 | | √ | | √ | 无锡 | 4 | | | √ | |
| 镇江 | 11 | | √ | | | 连云港 | 10 | | | √ | √ |
| 南通 | 4 | | √ | | | 宿迁 | 18 | | | | |

注：√代表出现的风险预警等级，\代表数据缺测无资料，空白代表没有计算出风险预警等级。

除此之外，4 日 03 时 45 分—23 时 59 分，江苏泰州和淮安因冰冻对泰镇高速、京沪高速进行了交通管制。经查验，期间的冰冻风险预警指标分别为四级（蓝色）和三级（黄色），对因雨雪冰冻造成的交通管制实施也有良好的科学指示。

（2）2018 年 1 月 24—27 日中东部雨雪天气过程

受冷空气影响，24—27 日我国中东部大部地区出现雨雪天气过程。对于江苏地区，25 日，江苏西南部出现大到暴雪，局地有大暴雪，部分地区积雪深度达到 5 cm 以上；26 日，江苏南部出现了大到暴雪，部分地区积雪深度达到 5 ~ 10 cm；27 日，江苏西南部出现了大到暴雪，部分地区积雪深度达到 5 ~ 15 cm。

1）管制情况分析

此轮降雪影响范围广、持续时间长、局部地区强度大，江苏省内几乎全路网采取交通管制。从图 5.13 可看出，大部分路段在此轮降雪过程中，随着降雪时间的临近及降雪强度的增强，分别采取了不同级别的交通管制。具体来看从 1 月 25 日 00 时 10 分开始，受降雪影响，江苏常州、淮安、连云港、南京、南通、苏州、泰州、无锡、宿迁、徐州、盐城、扬州、镇江等地境内的 413 条高速路段实行了交通管制，其中三级管制 12 条、二级管制 106 条、一级管制 178 条、特级管制 117 条。

2）小时级降雪指标分析

以南京绕城高速 G2501 张店枢纽—刘村互通—麒麟枢纽段为例，使用该路段降雪数据进行分析（图 5.14）。降雪时段主要分布在 25 日 00 时至 26 日 00 时、26 日 12—19 时、27 日 09—23 时，其中降雪强度最强的时段为 26 日 12—16 时。依据降雪指标，26 日 13—16 时天气风险等级达到一级（红色），26 日 12 时及 27 日 09—11 时天气风险等级达到二级（橙色），其余大部分时段天气风险等级为三级（黄色）。该降雪过程中实际交通管制情况如下：24 日 18 时 09 分开始采取三级交通管制；24 日 23 时 56 分，升级为二级交通管制；25 日 20 时 18 分升级为一级交通管制；26 日 11 时 16 分降为二级交通管制至 27 日 10 时 13 分；27 日 13 时 13 分再次启动特级交通管制；27 日 15 时 32 分降为二级交通管制至 27 日 18 时 10 分。从图中天气风险等级与交通管制级别的对比来看，交通管制基本上覆盖了天气风险级别高的时段，同时呈现出时效更长、更加连续性的特征。降雪时段一般为一级或二级交通管制，仅在 27 日 13—16 时由于冰冻采取了特级交通管制。

另外，从降雪量与能见度之间的关系来看（图 5.15），本次降雪过程中能见度均在 500 m 以上，同时，能见度与降雪量之间没有很好的相关关系，在降雪量相同的情况下，能见度的变化幅度很大，这与降雪情况下能见度还受其他因素的影响有关，如风速、雪的密度、雪的形状等。

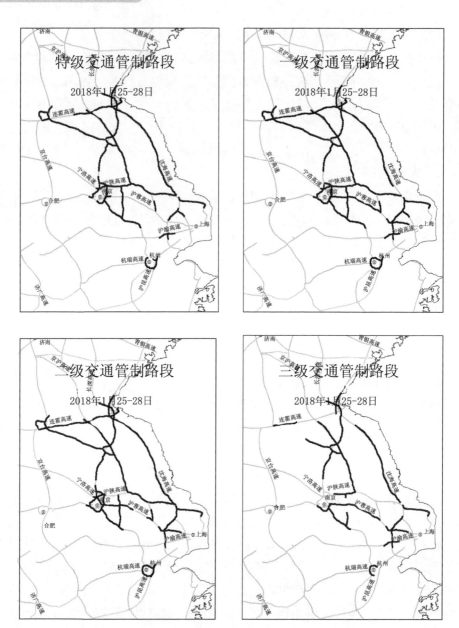

图 5.13　2018 年 1 月 24-28 日江苏省因降雪交通管制路段

3）分钟级降雪指标分析

25 日，江苏中部和西部的大部地区因降雪出现四级（蓝色）至二级（橙色）风险预警，其中以淮安、扬州、南京、无锡、南通受影响频次最高。11 时 00 分—

16 时 40 分，受降雪强度增强的影响（能见度基本在 1 km 以上），江苏北部淮安和扬州降雪风险预警等级大多维持在二级（橙色）及以上，其中扬州在 12 时 20 分和 15 时 50 分、淮安在 15 时 10 分出现一级（红色）预警；17 时以后，江苏北部降雪风险预警等级降至四级（蓝色）以下，而南部依然维持二级（橙色）或四级（蓝色）预警等级。

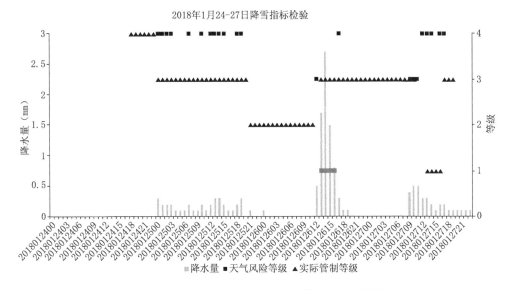

图 5.14 2018 年 1 月 24—27 日 G2501 张店枢纽—刘村互通—麒麟枢纽段降雪指标检验

26 日，00 时—01 时 10 分，江苏无锡和南京依然维持二级（橙色，雨夹雪）和四级（蓝色，雪）预警，其他地区风险等级在蓝色以下；08 时 50 分以后，江苏南通的降雪风险预警等级升为四级（蓝色）至一级（红色），并以二级（橙色）预警等级为主；09 时 40 分开始，宿迁、泰州、南京、扬州、镇江依次出现降雪，其中泰州 10 时 20 分—10 时 40 分、宿迁 10 时 40 分和 12 时 30 分、南京 11 时 00 分—13 时 30 分、扬州 11 时 20 分—11 时 50 分和 12 时 30 分、镇江 12 时 20 分—13 时 50 分的部分路段降雪风险预警等级为一级（红色）14 时左右，江苏北部降雪风险预警等级基本降为四级（蓝色）以下，而对于江苏中部和南部地区，16 时才开始逐渐降低，20 时以后大部地区风险等级在四级（蓝色）以下。

27 日，受降雪减弱影响，07 时 30 分之前，全省降雪风险等级在四级（蓝色）以下；但从 07 时 30 分开始，江苏南京开始四级（蓝色）及以上降雪风险预警，并以二级（橙色）或一级（红色）为主；09 时 50 分开始，镇江降雪风险预警等级维持在二级（橙色）；11 时 20 分以后，南通、扬州、淮安、徐州、连云港、泰州等地依次出现间歇性的四级（蓝色）至二级（橙色）风险预警等级。图 5.16 给出了江苏南京 58238 站（G2501）1 月 25—27 日逐 10 min 间隔的降雪风险预警等级。

| | 降雨量（mm） | 能见度（m） | | | |
|---|---|---|---|---|---|
| 320111江浦街道 2018012502 | 0.2 | 1128.8 | 92 | 2.3 | 15 |
| 320111江浦街道 2018012503 | 0.2 | 1334.3 | 92 | 2.4 | 15 |
| 320111江浦街道 2018012504 | 0.1 | 2030 | 92 | 2.5 | 15 |
| 320111江浦街道 2018012505 | 0.1 | 1820.7 | 91 | 2.6 | 15 |
| 320111江浦街道 2018012506 | 0.1 | 1898.3 | 91 | 2.7 | 15 |
| 320111江浦街道 2018012507 | 0.2 | 1240.4 | 91 | 2.7 | 15 |
| 320111江浦街道 2018012508 | 0.1 | 1763.6 | 91 | 3.1 | 15 |
| 320111江浦街道 2018012509 | 0.1 | 1571.3 | 91 | 3.3 | 15 |
| 320111江浦街道 2018012510 | 0.2 | 1258.7 | 91 | 3.5 | 15 |
| 320111江浦街道 2018012511 | 0.1 | 1377 | 90 | 3.7 | 15 |
| 320111江浦街道 2018012512 | 0.2 | 928.1 | 91 | 4 | 15 |
| 320111江浦街道 2018012513 | 0.3 | 769.1 | 91 | 3.9 | 6 |
| 320111江浦街道 2018012514 | 0.3 | 740 | 92 | 4.4 | 6 |
| 320111江浦街道 2018012515 | 0.2 | 1125.8 | 90 | 4.9 | 6 |
| 320111江浦街道 2018012516 | 0.1 | 1230.3 | 90 | 4.7 | 15 |
| 320111江浦街道 2018012517 | 0.1 | 1203.5 | 91 | 3.8 | 15 |
| 320111江浦街道 2018012518 | 0.2 | 912.8 | 91 | 3.2 | 15 |
| 320111江浦街道 2018012519 | 0.3 | 1075.8 | 92 | 3.2 | 15 |
| 320111江浦街道 2018012520 | 0 | 2852.2 | 90 | 3.5 | 99 |
| 320111江浦街道 2018012521 | 0.1 | 2739.4 | 90 | 2.8 | 99 |
| 320111江浦街道 2018012522 | 0 | 4024.9 | 90 | 3.1 | 99 |
| 320111江浦街道 2018012523 | 0 | 3777.4 | 90 | 3.9 | 99 |
| 320111江浦街道 2018012600 | 0.1 | 3623 | 90 | 2.8 | 99 |
| 320111江浦街道 2018012601 | 0 | 4689.6 | 90 | 2.5 | 99 |
| 320111江浦街道 2018012602 | 0 | 4689.6 | 89.2 | 2.5 | 99 |
| 320111江浦街道 2018012603 | 0 | 4689.6 | 87.4 | 2.8 | 99 |
| 320111江浦街道 2018012604 | 0 | 4689.6 | 84.2 | 2.2 | 99 |
| 320111江浦街道 2018012605 | 0 | 4689.6 | 82.5 | 2.2 | 99 |
| 320111江浦街道 2018012606 | 0 | 4689.6 | 80.5 | 2.1 | 99 |
| 320111江浦街道 2018012607 | 0 | 4689.6 | 78.6 | 2.2 | 99 |
| 320111江浦街道 2018012608 | 0 | 4689.6 | 79.9 | 2.4 | 99 |
| 320111江浦街道 2018012609 | 0 | 4689.6 | 84.1 | 2.4 | 99 |
| 320111江浦街道 2018012610 | 0 | 4689.6 | 81.8 | 2.9 | 99 |
| 320111江浦街道 2018012611 | 0 | 4689.6 | 75.3 | 3.1 | 99 |
| 320111江浦街道 2018012612 | 0.5 | 4689.6 | 68.5 | 2.9 | 15 |
| 320111江浦街道 2018012613 | 1.7 | 4689.6 | 64.1 | 2.9 | 6 |
| 320111江浦街道 2018012614 | 2.7 | 4689.6 | 64 | 2.8 | 6 |
| 320111江浦街道 2018012615 | 1.5 | 4689.6 | 64.4 | 2.9 | 6 |
| 320111江浦街道 2018012616 | 0.8 | 4689.6 | 65.2 | 2.5 | 6 |
| 320111江浦街道 2018012617 | 0.3 | 4689.6 | 66.7 | 2.3 | 6 |
| 320111江浦街道 2018012618 | 0.1 | 4689.6 | 69.3 | 2.2 | 15 |
| 320111江浦街道 2018012619 | 0.1 | 4689.6 | 71.4 | 2.1 | 15 |
| 320111江浦街道 2018012620 | 0.1 | 4689.6 | 72.8 | 2.2 | 99 |
| 320111江浦街道 2018012621 | | | 75.1 | 2.3 | 99 |

图 5.15　2018 年 1 月 24—27 日 G2501 张店枢纽—刘村互通—麒麟枢纽段降雪量与能见度关系表

从高速管制与预警信息对照表（表 5.23）中可以看出，管制期间高速所在行政区域的风险预警等级基本为四级（蓝色）或二级（橙色），部分时段可达一级（红色）（因观测数据精度不足，黄色预警等级没有显现出来）；降雪风险等级与管制时段有较好的对应。

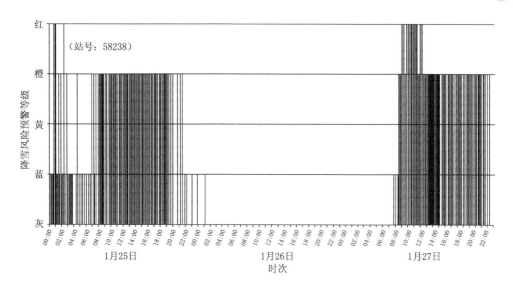

图 5.16　江苏徐州 58238 站 1 月 25—27 日逐 10 min 间隔的降雪风险预警等级

表5.23　江苏高速管制与预警信息对照表

（降雪，20180103—20180104）

| 管制路段所在城市 | 管制高速条数 | 管制期间风险预警等级 | | | | 管制路段所在城市 | 管制高速条数 | 管制期间风险预警等级 | | | |
|---|---|---|---|---|---|---|---|---|---|---|---|
| | | 红 | 橙 | 黄 | 蓝 | | | 红 | 橙 | 黄 | 蓝 |
| 徐州 | 22 | | √ | | √ | 常州 | 35 | \ | \ | \ | \ |
| 南京 | 53 | √ | √ | | √ | 盐城 | 53 | \ | \ | \ | \ |
| 淮安 | 28 | √ | √ | | √ | 扬州 | 20 | √ | √ | | √ |
| 泰州 | 34 | √ | √ | | √ | 无锡 | 28 | | | | |
| 镇江 | 31 | √ | √ | | √ | 连云港 | 21 | | | | √ |
| 南通 | 25 | √ | √ | | √ | 宿迁 | 31 | √ | √ | | √ |
| 苏州 | 32 | \ | \ | \ | \ | | | | | | |

注：√代表出现的风险预警等级，\代表数据缺测无资料，空白代表没有计算出风险预警等级。

　　除此之外，25—27 日，江苏境内 13 个区市的 166 条高速因冰冻实施了不同级别的交通管制，经查验，期间的冰冻风险预警指标可达四级（蓝色）至一级

（红色），与因雨雪冰冻造成的交通管制实施对应关系良好。

综上所述，本书研究所制定的天气风险预警指标可以为交通管制实施提供科学指示。

# 第6章 交通管制预警管理和对策建议

基于交通管制天气风险预警指标体系所识别的风险等级，做好高速公路交通安全预警管理，将是交通事故防范于未然与灾后精准救援的重要屏障与保障。本章主要介绍了包含预警分析功能和应急处置功能的恶劣天气高速公路交通安全预警管理框架，通过识别各类不安全因素，决策者能根据风险发展趋势做出车速限制、交通组织、信息发布、应急响应、应急准备、应急处置等系列适时恰当的预警对策和预案处置，这些对策建议将有利于保证高速公路交通处于安全和有效的管理状态。

## 6.1 预警管理框架

### 6.1.1 总体思路

预警一般指具有预测和警报功能的管理活动，预警管理是在监测和评估管理目标的基础上，识别危险因素，提前预防控制，防止危险发生，保持系统良好的运行状态，而对评估对象做出不确定性的早期预报。在获得预警信息的基础上，预警管理研究的重点是如何采用警告和预控的管理手段防范交通事故的发生以及事故发生后的紧急救援措施等问题。

恶劣天气环境下的高速公路交通安全预警管理，主要目的是要认知、把握与利用高速公路在交通管理活动中所涉及的各种客观环境作用机制，将高速公路内部的有限资源与外部的环境条件有机结合起来，实现高速公路的安全管理目标。从高速公路的宏观角度出发，根据高速公路交通安全管理活动状态，确定道路风险状态，并由此做出相应对策反应的管理活动。通过对道路交通安全状态进行监测、预警，在确认处于临界安全的发生状态时，采用规定的组织方法进行干涉和调控，使之恢复到正常运行的管理活动。预警管理可包括功能组成、工作流程、预警分析及对策实施思路等。

## 6.1.2 功能组成

根据预警管理的总体思路，预警管理的功能组成可以分为两个部分：预警分析功能和应对处置功能。预警分析功能可实现对各种恶劣天气环境下高速公路交通不安全因素进行检测、识别、决策和报警，它通过设立恶劣天气环境下高速公路交通安全组织中可能产生不安全因素的界限区域，对可能出现的各种风险或灾害进行识别和警告。在对恶劣天气环境下高速公路交通不安全因素的识别和决策过程中，应能根据不安全因素的发展趋势进行适时预控和调整。应对处置功能可实现对同类同性质造成的高速公路交通不安全状态的诱因提供相应对策。当高速公路中发生恶劣天气交通气象状况时，可根据预警功能匹配事件的性质，通过采取相应的管控措施进行应急处置，保证高速公路交通处于安全和有效的管理状况。

恶劣天气环境下高速公路交通安全预警管理的功能组成如图 6.1 所示。其中，预警分析是对恶劣天气环境下诱发高速公路交通安全失控的各种情况进行识别和风险等级分析，并做出警示的管理活动；应对处置是根据预警分析的输出结果，对高速公路交通安全风险预防和控制的管理活动，主要有预警对策、预案处置等。

## 6.1.3 总体工作流程

恶劣天气下的高速公路交通安全预警管理总体工作流程如图 6.2 所示。

1. 预警分析

通过对气象信息、道路条件和交通流状况的监测、识别和诊断，对恶劣天气交通风险进行预警分析，主要包括预警指标体系的构建、风险等级的确定两个步骤，具体如下。

（1）预警指标体系的构建

恶劣天气风险做到早发现、早预警、早防范，是做好高速公路交通安全管理工作的关键所在。高速公路交警部门通过与气象部门建立信息对接渠道，根据不同季节、不同区域、不同路段天气变化的特点，探寻恶劣天气的变化规律，实时掌握和预测天气变化情况。结合交警部门自身掌握的道路基本特征和交通流信息，提前预知和识别恶劣天气风险以及可能波及的影响路段范围，提前做好恶劣天气应对处置工作准备。构建预警指标体系的目的是选择一套能够全面反映恶劣天气环境下高速公路交通安全发展状况和趋势的预警指标体系。指标体系构建的具体方法和内容已经在第 5 章给出。

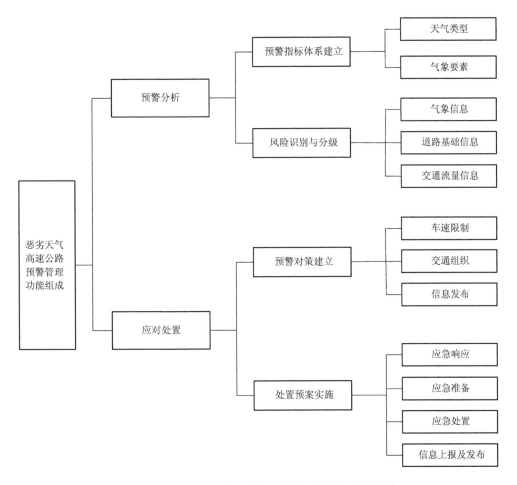

图 6.1　恶劣天气高速公路交通安全预警管理功能组成

（2）风险预警等级的确定

高速公路交警部门在恶劣天气情况下，除了通过气象指标及时发现风险外，另需要判别风险严重程度，即对恶劣天气对高速公路交通运行影响程度有一个判别，并以此做出相应预警管理措施。通过对恶劣天气下天气状况数据、道路情况以及交通流状况的分析，结合第 5 章风险预警指标等级的研究成果，判断交通所处的风险等级，以便采取相应等级的预警管理措施。

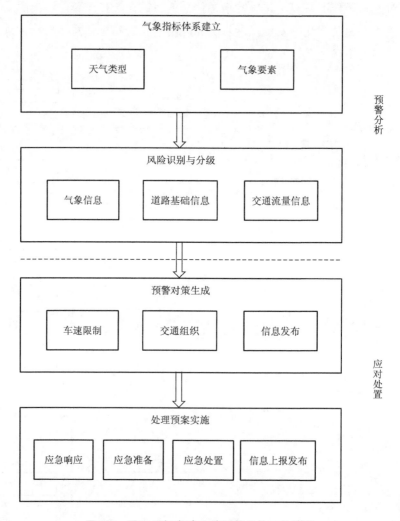

图 6.2　恶劣天气高速公路预警总体工作流程

## 2. 应对处置

恶劣天气环境下，高速公路交通安全预警管理中应对处置主要是通过上述预警分析中的风险预警级别及其对应信息，对高速公路交通事故或灾害性天气进行预防与控制，并能在事故及灾害发生时实施应急管理和紧急救援等措施。

（1）预警对策实施

针对恶劣天气风险预警，交警主要在以下三个方面实施相应的对策措施。

①车速控制。遇到恶劣天气时，让高速公路上的车辆速度慢下来是交警管控交通的主要目的，也是最行之有效的管控手段。所以需根据恶劣天气影响程度，让车速限制在合理范围。

②交通组织。针对恶劣天气下行驶的车辆，需要采取合理的交通组织措施进行分流或限制车辆通行等。

③信息发布。通过各种信息发布手段，让驾驶人及时获取预警和交通管制措施是实现交通管理高效的重要途径。

（2）交管处置预案实施

在针对恶劣天气的交管具体处置中，由于还涉及其他部门以及相关的物资准备工作，因此需要制定具体的预案。

# 6.2　预警对策技术

## 6.2.1　预警对策实施技术

### 1. 车速控制建议

恶劣天气条件下，高速公路交通安全受能见度降低、路面摩擦系数下降、驾驶人心理紧张等因素影响，此时必须对行车速度进行限制。通过降低行车速度，使驾驶人有充足的时间对突发事件做出反应。因此，从低能见度与低路面附着系数两个因素考虑，基于对行车安全性的影响分析，建立分级标准，形成以下车速限制建议。

（1）安全限速技术

通过停车视距模型，分析得出不同能见度下车辆行驶的安全车速，为车速限制数据提供理论依据。高速公路上，由于车辆故障、轮胎损坏、抛锚、货物洒落及事故等原因，前方物体的速度可能为零，此时出现严重的速度差，后车必须进行紧急制动，其制动过程如图 6.3 所示。

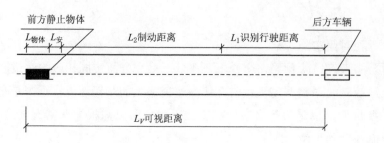

图 6.3 汽车停车过程示意图

后车停车所需的安全距离需满足式：

$$L_1+L_2+L_安+L_前车 \leqslant L_V \qquad (6.1)$$

根据制动过程示意图（图 6.4），汽车制动过程可分为 3 个阶段。第一阶段为反应和动作阶段，指驾驶人发现紧急情况到制动器出现制动力所经历的时间，它包括反应时间 $t_1$ 和动作时间 $t_2$。前者指驾驶人发现紧急情况后，需要经过一段时间才会把脚从油门踏板移到制动踏板，并踩下制动踏板的过程；后者指从制动踏板开始产生操纵力到制动器出现制动力所需要的时间，这部分时间主要是由于制动系统的间隙所致。

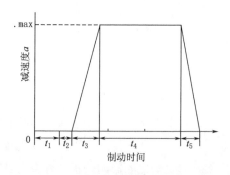

图 6.4 汽车制动过程示意图

第一阶段内由于制动效果尚未产生，车速不发生变化。第二阶段为减速度增长时间，此时的制动器制动力从 0 开始逐步增加到最大值，汽车减速度逐渐增加，为变减速运动。第三阶段为制动减速度从达到最大值后，持续到汽车停下来所经历的时间，此阶段汽车可近似为匀减速运动。为便于分析问题，忽略制动力波动以及空气阻力，对汽车在高速公路上的制动过程进行以下简化：首先，将汽车短时间内的运动视为匀速运动；再者，由于动作时间很短，因此将第一阶段内的两部分时间合并考虑，并记 $t_1+t_2$ 为车辆识别时间 $t$；最后，由于减速度的增长时间很短，因此假设第二阶段时间近似为 0，将第二阶段和第三阶段结合起来考虑，并记为车辆制动时间。各参数含义和取值如下：$t$，车辆识别时间，大小因人而异，并受到环境、道路条件等一系列因素的影响。大部分欧洲国家使用反应时间时，采用 2.0 s；而加拿大、日本、南非和美国则采用 2.5 s，考虑恶劣天气对驾驶人的影响，采用反应时间为 2.5 s；$L_1$，车辆识别时间 $t$ 内的行驶距离，单位：m；$L_2$，车辆制动时间内的行驶距离，单位：m；$L_V$，路段的可视距离，单位：m；$L_{物体}$，前方物体的长度，计算中取为 5 m；$L_{安}$，安全距离，为减轻恶劣天气情况下驾驶人的心理压力和精神紧张程度，计算中取为 5 m。

AASHTO（美国国家高速公路和交通运输协会）将停车视距定义为"驾驶人员发现前方中心线有障碍物，为了防止冲撞而制动刹车所需的安全距离"。停车视距由两部分组成，一部分为司机的反应距离，另一部分为车辆所需的安全制动距离，即：

$$S=0.278Vt+V^2/254(f\pm i) \tag{6.2}$$

式中：$S$，停车视距，单位：m；$V$，初始速度，单位：km/h；$t$，驾驶人反应时间，单位：s；$f$，附着系数；$i$，坡度。一般情况下驾驶人的反应时间为 0.8～1.7 s，但在恶劣天气下，因过于紧张，反应时间可能会超过 1.7 s。对 90% 的驾驶人，$t=2.5$ s，结合公式 6.1，对 AASHTO 停车视距模型进行修改，则可得到驾驶人有效安全视距 $h$：

$$h \geqslant 0.694V+V^2/\left[254(f-i)\right]+5 \tag{6.3}$$

（2）车速控制原则

高速公路限制速度的设置要满足法定限速的基本要求。我国颁布的《中华人民共和国道路交通安全法实施条例》第七十八条规定：高速公路应当标明车道的行驶速度，最高车速不得超过 120 km/h，最低车速不得低于 60 km/h。在高速公路上行驶的小型载客汽车最高车速不得超过 120 km/h，其他机动车不得超过 100 km/h。同方向有 2 条车道的，左侧车道的最低车速为 100 km/h；同方向有 3 条以上车道的，最左侧车道的最低车速为 110 km/h，中间车道的最低车速为 90 km/h。

道路限速标志标明的车速与上述车道行驶车速的规定不一致的，按照道路限速标志标明的车速行驶。

因此，针对恶劣天气在不同道路条件下的速度研究应基于上述前提条件，如果提出的车速建议值高于限速标志标明的车速值，以限速标志值为基准，可按风险等级每级下降 5 或 10 km/h 提出车速建议值。

（3）车速控制建议

利用上述车速控制技术，考虑附着系数 $f$ 随车速的增大而减少情况，并结合交警实际工作经验对雾、霾、雨、冰雪、大风、沙尘等天气的车速值进行修正，得出如下的车速控制建议。由于车速控制建议值建立在视距公式和交警根据道路实际线形修正的基础上，因此针对交通流状况影响，可采取高峰比平峰下降 5 ～ 10 km/h、风险比正常下降 5 ～ 10 km/h，速度不低于 20 km/h，在车速建议表格中不再列出。

1）雾、霾天高速公路车速建议

雾、霾天高速公路车速建议如表 6.1 所示。

表6.1　雾、霾天高速公路车速建议（km/h）

| 气象指标等级 | 道路线形 | | |
|---|---|---|---|
| | A | B、C | D |
| 4 | 80 | 70 | 60 |
| 3 | 60 | 50 | 40 |
| 2 | 40 | 30 | 30 |
| 1 | 20并建议驶离或限制进入 | | |

2）雨天高速公路车速建议

雨天高速公路车速建议如表 6.2 所示。

表6.2　雨天高速公路车速建议（km/h）

| 气象指标等级 | 道路线形 | | |
|---|---|---|---|
| | A | B、C | D |
| 4 | 80 | 70 | 60 |
| 3 | 60 | 50 | 40 |
| 2 | 40 | 30 | 30 |
| 1 | 20 | | |

3）冰雪天高速公路车速建议

冰雪天高速公路车速建议如表6.3所示。

表6.3　冰雪天高速公路车速建议（km/h）

| 气象指标等级 | 道路线形 | | | 位置类型 | |
|---|---|---|---|---|---|
| | A | B、C | D | M | N |
| 4 | 60 | 50 | 40 | 40 | 40 |
| 3 | 50 | 40 | 30 | 30 | 30 |
| 2 | 30 | 20 | 20 | 20 | 20 |
| 1 | 20并建议驶离或限制进入 | | | | |

4）大风、沙尘天气高速公路车速建议

大风、沙尘天气高速公路车速建议如表6.4所示。

表6.4　大风、沙尘天气高速公路车速建议（km/h）

| 气象指标等级 | 道路线形 | | | 位置类型 | |
|---|---|---|---|---|---|
| | A | B、C | D | M | N |
| 4 | 80 | 70 | 60 | 60 | 60 |
| 3 | 60 | 50 | 40 | 40 | 40 |
| 2 | 40 | 30 | 30 | 30 | 30 |
| 1 | 20 | | | | |

2.　交通组织

（1）交通组织策略

当出现恶劣天气时，为确保交通安全与畅通，需要实行相应的管理控制策略。这些管理控制策略以预案或应对方案的形式体现。实施的管理控制策略，对应于不同的天气及其影响程度。管理策略包含以下三类。

1）建议策略

此类策略主要用于向道路使用者提供实时的气象和交通信息。针对高速公路建议策略的具体实施方法主要包括：可变情报板、临时提醒标志、道路巡查、交通广播等，可保证道路使用者及时获得天气和路况信息。如当恶劣天气的影响较轻时，建议策略将向道路使用者提供恶劣天气的级别和道路情况。当恶劣天气的影响严重时，建议策略将向道路使用者发布出行的建议，实时提醒道路上行驶的车辆或实时发布相关道路阻塞的提醒。

2）控制策略

高速公路控制策略的目的主要是在恶劣天气条件下对高速公路上车流行驶速度以及运行状态进行控制。控制策略的具体实施方法包括通过限速标志或可变情报板发布实时限速信息；特殊路段可设立临时限速提醒标志；通过警示灯或交通广播发布警示信息；发生极端恶劣天气时，道路管理者可以利用临时诱导标志诱导车流或关闭危险的路段。

3）处理策略

高速公路处理策略是指利用高速公路管理条件以及相关的救援资源来缓解恶劣天气给交通安全带来的影响。处理策略主要涉及高速公路管理部门对内、对外的协调。对于交通管理部门而言，其处治策略的主要职责：当恶劣天气发生时，对相关部门提出预警注意；如遇到交通事故发生时，应及时协调组织相关部门的救援。

（2）交通组织技术

根据恶劣天气预警情况开始实施交通管制措施。对主线车流，在实施交通管制区段内选择一处能见度良好的互通，在互通的出口匝道口设置分流点，主干道分流点从中央隔离带向右至出高速公路互通出口匝道口设置分流减速带，并设立恶劣天气交通管制提示牌和限速导流牌，警车停放路右侧，开启警灯和示廓灯，打开警报器并喊话提醒过往车辆。

1）主线分流的交通组织

组织实施主线分流采取"前方预警、多点分流、及时疏导、管住两头"方法。"前方预警"是指做好超前提示，让驶来车辆还未到达分流站口时就能够知道前方正在分流车辆，从而减速慢行；"多点分流"是指分流时相邻支、大队间要加强联勤，必要时实施交替分流；"及时疏导"是指在下道口和站口外设置民警，指挥疏导车辆及时有序地驶离高速公路；"管住两头"是指重点做好分流车辆首尾两头的管控工作，确保头部畅通，尾部安全。

具体组织实施一般可分为两种情况，如下。

①车流量较小，主线不易堵车时

一般可按以下程序操作：

首先是标志标牌的摆放。在分流站口前方左侧车道设置限速标志牌并提示前方封路减速慢行，沿路以一定间距按顺序设置"减速慢行""下路绕行"和限速（一般为 30 km/h）标志，设置导流牌，约 300 m 处设置"左道封闭"标志牌，并从此处开始渐变设置反光锥（反光桶）至下道口，引导车辆下路。在"前方封路减速慢行"标志牌前设置 1 个反光锥，防止驶来车辆撞到提示牌。从而形成明确有序的提示导向，顺利引导驶来车辆下路。在封闭后方主线出口处来车方向，分别设置"前方封闭，由此驶出高速"的提示标牌，提示驾驶人减速行驶、不得进入或就近驶出高速公路，并采用适当措施尽可能告知驾驶人封闭原因；及时通知高速公路经营管理单位在沿线可变信息板发布路况信息，同时通知交通广播电台公布交通管制信息。

其次是车辆和警力的部署。这种情况实施分流，一般需要设置 1 台预警车和 1 台警示标志车，由 1 名领导带领 3～4 名民警组织实施。车辆、警力应按以下要求配置和展开工作。在"前方封路减速慢行"标志牌前约 200 m 的路肩上顺向停放 1 辆预警车，开启警灯，间断地鸣响警报或播放喊话录音，打开电子显示屏或安装反光牌，显示"前方封路减速慢行"等信息。民警站在该车尾部，面对来车方向手持夜间警示棒指挥来车减速慢行。警车、警灯、电子显示屏和民警的指挥，形成强烈的预警提示效果，让驶来车辆驾驶人迅速集中注意力，降低车速进入提示区。下道口斑马线底部设置 1 台警示标志车，打开警灯及下路指示箭头，进一步提示、引导被分流车辆下路；民警在下道口处指挥车辆及时依次下路，做好有关解释工作，防止车辆在路面滞留；站口外设置民警协调收费站快结快放、畅通出口，指挥下路车辆尽快驶离，避免站口堵车。

②车流量过大，主线极易堵车时

其操作程序在第一情况其他程序不变的基础上，可不设提示牌，预警车则由 1 台增加至 2 台。第 1 台预警车以能够看到分流车辆尾部车的轮廓并准确判断其状态为准，顺向停于路肩，开启警灯、播放喊话录音，打开电子显示屏或安装反光牌，提示来车"降速行驶，下路绕行"。根据分流车辆积压情况，该车前后移动，在对来车进行分流提示的同时，指挥已停车辆驾驶人打开双闪灯，依次及时下路；第 2 台预警车距第 1 台尾部适当距离，顺向停于路肩，开启警灯、间断地鸣响警报，电子显示屏或反光牌显示"前方封路减速慢行"信息。该车尾部设置 1 名民警，手持夜间警示棒指挥来车减速慢行。该车和民警随分流车辆距离的延长，适时向后移动，切实做好驶来车辆的预警提示；两台预警车在车流量较大、不便于设提示牌的情况下，能够迅速就位，快速进入预警状态，前后呼应，相互配合，避免滞留车辆尾部发生追尾事故，并促使分流车辆及时下路。

2）主线截流的组织实施

主线截流的主要交通组织是截流后滞留车辆的放行问题。在车辆放行时，综合考虑路面总的饱和流量、所有结点（堵点）的积压流量、放行的速度、是否有新的或已预告的通行条件和距离、放行点的空间大小、放行时的天气条件和道路通行状况等因素，选择适宜的放行顺序及放行方式，具体选择何种放行顺序，要依据实际情况而定。在路面有结冰、积雪且能见度好时先放行主线，同时放行匝道、服务区广场滞留的车辆，最后放行收费站广场滞留的车辆；在本段能见度差、被动开通时，先放行服务区、匝道、收费站车辆，最后放行主线车辆，延缓大批量放行的通行时间，进一步改善和提升通行条件。在主线有故障车滞留时，应先放行故障车前段车辆，清出应急车道，后移截流点，给清障车腾出工作区域。

主线封闭后，对特殊情况确需通过时，采取以下方式将滞留高速公路车辆分流：分流疏导组民警接指令后，在浓雾冰雪区一端的安全路段，将滞留在高速公路车辆编排成车队，使用警车（一般为两辆，一辆带道，一辆巡逻护卫，每辆警车2名民警）带道，警车开启警灯、鸣响警报，实施压道领驶措施带领车队安全通过，压道领驶警车要缓慢前行。巡逻护卫警车通过喊话器逐车提示被带车辆开启雾灯和危险报警闪光灯，减速慢行，不准超车，保持车距，确保安全。带道措施应同路政部门共同采取，但至少应有一辆警车。

可采取的放行方式主要有以下几种：

①主线单道放行。不完全具备放行条件，路面存在障碍或道路前方有大型、重要、危险物资车辆低速行驶，积压车辆较少时，可采取主线单边放行。

②主线双道放行。通行条件较好，主线积压较大，交通流量增大，天气条件或视线条件即将转差的情况下，可采取主线双道放行。

③单、双道放行中的间断放行。适合于分流点主线大量积压，上级部门准许短时间部分放行，要记录放行的时间、间隔、通行状况。

3）解除管制后的交通管理

解除交通管制，开始放行滞留车辆时，执行任务的车辆要分批间隔混行于放行的车流中，用警笛、喊话提醒等方式，最大限度地保障行车安全；在冰面、上坡、危桥路段、故障车辆等结点处，要定点警示或实施救援、抢险；交警尾车要尾随滞留车队的尾部，直至最后一辆车驶离辖区。混行于放行车流的交警、路政、救援车辆，在通行中若发现堵点再次形成，要及时报告并先尾随后施救，混行的勤务车辆必须驶离本区段再行折返，如特殊警情需要，可利用进口通道折返。在分、截流点车辆停放点，交警控制车辆有序放行。交警值班室、监控分中心应密切关注分流、截流点前方道路的通行状况，交警应调整其他警力对分、截流点驶出的车辆路段进行循环式观察和警示。

3. 信息发布

（1）信息发布策略

在恶劣天气条件下，能够及时准确为驾驶人发布预报信息，提供管理决策信息以及预警信息，确保驾驶人的安全行驶。信息发布是为了实现管理目标，研究信息发布，需要首先分析各种管理对策。可行的管理对策主要包括以下几类。

1）封闭

封闭对策是在极端恶劣条件的情况下，为了保障车辆的行车安全所实施的一种极端措施。封闭类措施属于强制性措施，车辆必须无条件服从管理。具体措施可以有以下几种：①关闭整条高速公路；②关闭高速公路某一段。

2）限制

限制类对策是在行车环境出现严重恶劣条件时，为了保障行车安全所采取的一种控制管理措施，目的是在保证车辆通行的前提下，减小不利因素对车辆的影响。限制类措施属于强制性措施，车辆必须服从管理。具体措施主要有以下几种：①限速；②限制车距；③出入口控制，定时放行；④封闭车道；⑤禁止超车。

3）提示

建议类对策是在出现不利天气条件，但对正常驾驶影响较小时向驾驶人发布的信息，提醒驾驶人引起注意。

从以上管理对策的内容可以看出，不同的对策需要发布的信息不同。从预警的角度来说，需要发布的信息内容及种类如表 6.5 所示。

表6.5　预警信息发布策略

| 预警等级 | 对策种类 | 信息发布地点 | 信息发布内容 |
|---|---|---|---|
| 蓝色 | 提示类 | 本路段 | 提示内容 |
| 黄色 | 限制类 | 本路段，上游路段 | 限制内容、限制路段 |
| 橙色 | 限制类 | 本路段，上游路段 | 限制内容、限制路段 |
| 红色 | 关闭类 | 上游路段 | 关闭原因、建议路线 |

在进行路网管理时，通常以上几种对策是配合使用的，在同一事件条件下，不同的路段会采取不同的管理对策。如果一个路段采取关闭对策时，那上游路段肯定要采取强制性诱导对策。

（2）信息发布方式

1）可变信息标志

可变信息标志的功能是通过文本、图像、数字等合成信号提供道路信息、路面路况信息、路段交通信息、社会公众服务信息等各种信息，以利于驾驶人调整其驾驶行为，达到缓解交通堵塞、减少交通事故、提高高速公路路网通行能力的目的。可变信息标志同时具有交通标志和动态显示的特点，与静态交通标志一起构成了系统化的交通标志信息系统，为交通的有序安全畅通服务。

可变信息标志系统是通过在交通网中重要地点的可变信息标志，向驾驶人提供道路交通状况信息（诸如路况、拥挤程度、排队长度、交通事件等），诱导车辆采取合适的车速或推荐行驶路线，使驾驶人选择最佳路线，达到路线畅通，安全行车。

2）路旁广播

路旁广播是由管理部门建立的路边广播系统，利用专用的无线电发送装置，把收集到的该路（网）及相连道路的交通状况、气象等情报编辑并合成（或人工直接广播），通过沿道路的定向天线将信息播放出去，驾驶人进入播放接收区后，即可在相应的波段收到道路交通情报。

3）无线电广播

利用汽车收音机听无线电广播获得交通信息，通常为了及时准确的广播，指挥中心都附设有交通信息中心广播室，在交通节目时间，定时播送高速公路的交通信息。

4）互联网

互联网是新兴的一种交通信息发布手段，通过动态网页显示路网信息，为出行者在出行前提供实时的出行信息。互联网虽然信息量大且更新很快，但是要求有小型计算机终端和网络，对于路上的驾驶人帮助有限，属于出行前的信息发布。

## 6.2.2　预警对策关联技术

通过采集到的实时气象信息、预报气象信息等，判别路网中是否即将发生或已经发生了恶劣天气，并判断恶劣天气类型与级别。根据判别结果，通过恶劣天气态势预警对策技术给出相应的车速限制、交通组织和信息发布。前文已经对恶劣天气条件下行车安全性进行了分析，给出了恶劣天气风险分级模型，同时计算得到不同能见度、坡度以及不同风力条件下的安全运行车速，为恶劣天气风险预警对策的研究提供了依据。依据上文给出的相关阈值范围，可建立不同恶劣天气条件下的预警对策模型。

## 6.2.3　雾、沙尘、暴雨、霾预警对策

针对大雾、沙尘暴、暴雨、霾等主要影响能见度的天气，预警对策见表 6.6。其中暴雨的管制措施一般只有在路面大量积水严重影响车辆通行情况下，才采取车种限行或封闭道路措施。

表6.6　大雾、沙尘暴、暴雨、霾恶劣天气预警对策

| 风险等级 | 管控级别 | 对策措施 |
|---|---|---|
| I 级 | 一级 | ·利用广播、电视、可变信息情报板、手机等信息发布工具及时发布大雾/沙尘暴/暴雨/霾红色预警信号，提示车辆限速、车种限行，引导就近驶离高速公路<br>·除重要领导特别紧急公务、紧急抢险救护等特殊车辆在警车带道下通行外，管制路段禁止其他各类车辆驶入高速公路<br>·已驶入高速公路的车辆须开启雾灯、近光灯、示廓灯、前后位灯及危险报警闪光灯<br>·以不超过20 km/h的速度就近驶离高速公路或进入服务区休息<br>·实行多点分流，配合主线分流 |
| II 级 | 二级 | ·利用广播、电视、可变信息情报板、手机等信息发布工具及时发布大雾/沙尘暴/暴雨/霾橙色预警信号，提示车辆限速、车种限行<br>·管制路段禁止危险品运输车辆、三超车辆、大型客车、重型货车和后雾灯不亮的小型车辆驶入高速公路<br>·管制路段临时限速40 km/h、禁止超车<br>·通行车辆必须开启雾灯和近光灯、示廓灯、前后位灯、危险报警闪光灯，保持车间距不小于30 m<br>·可采取间断放行控制车流密度 |

续表

| 风险等级 | 管控级别 | 对策措施 |
|---|---|---|
| Ⅲ级 | 三级 | • 利用广播、电视、可变信息情报板、手机等信息发布工具及时发布大雾/沙尘暴/暴雨/霾黄色预警信号，提示车辆限速、车种限行<br>• 管制路段禁止危险品运输车辆、三超车辆及重型货车驶入高速公路<br>• 管制路段临时限速60 km/h，通行车辆必须开启雾灯和近光灯、示廓灯、前后位灯，保持车间距不小于50 m<br>• 会同路政、施救、清障人员上路联合巡逻或交叉巡逻，及时发现、拖曳故障和事故车辆，事故现场按照"快勘快撤"的原则及时处置，撤离现场 |
| Ⅳ级 | 四级 | • 利用广播、电视、可变信息情报板、手机等信息发布工具及时发布大雾/沙尘暴/暴雨/霾蓝色预警信号，提示车辆限速<br>• 管制路段临时限速80 km/h，通行车辆必须开启雾灯、示廓灯和前后位灯，保持车间距不小于80 m<br>• 增派民警加强巡逻管控 |

## 6.2.4　冰雪天气预警对策

针对冰雪天气、路面积雪结冰等主要影响能见度和路面附着系数的天气，其预警对策见表6.7。

表6.7　冰雪恶劣天气预警对策

| 风险等级 | 管控级别 | 对策措施 |
|---|---|---|
| Ⅰ级 | 一级 | • 利用广播、电视、可变信息情报板、手机等信息发布工具及时发布冰雪天气红色预警信号，提示车辆禁止驶入、车辆限速，引导就近驶离高速公路<br>• 禁止各类车辆驶入高速公路<br>• 已驶入高速公路的车辆须开启危险报警闪光灯<br>• 以不超过20 km/h的速度就近驶离高速公路或进入服务区休息<br>• 实行多点分流，配合主线分流 |
| Ⅱ级 | 二级 | • 利用广播、电视、可变信息情报板、手机等信息发布工具及时发布冰雪天气橙色预警信号，提示车种限行、车辆限速<br>• 管制路段禁止危险品运输车辆、三超车辆、大型客车驶入高速公路<br>• 管制路段临时限速30 km/h，禁止超车<br>• 通行车辆必须开启危险报警闪光灯，保持车间距不小于50 m<br>• 可采取间断放行控制车流密度 |
| Ⅲ级 | 三级 | • 利用广播、电视、可变信息情报板、手机等信息发布工具及时发布冰雪天气黄色预警信号，提示车种限行、车辆限速<br>• 管制路段禁止危险品运输车辆通行<br>• 管制路段临时限速50 km/h<br>• 通行车辆必须开启危险报警闪光灯，保持车间距不小于80 m |

续表

| 风险等级 | 管控级别 | 对策措施 |
|---|---|---|
| IV级 | 四级 | • 利用广播、电视、可变信息情报板、手机等信息发布工具及时发布冰雪天气蓝色预警信号，提示车辆限速<br>• 能见度在100~200 m时，临时限速60 km/h；能见度在50 m~100 m时，临时限速40 km/h；能见度不足50 m时，临时限速20 km/h<br>• 通行车辆必须开启危险报警闪光灯 |

## 6.2.5　大风天气预警对策

针对大风主要影响能见度和车辆行驶稳定性的天气，其预警对策见表6.8。

表6.8　大风恶劣天气预警对策

| 风险等级 | 管控级别 | 对策措施 |
|---|---|---|
| I级 | 一级 | • 利用广播、电视、可变信息情报板、手机等信息发布工具及时发布大风红色预警信号，提示车辆禁止驶入、车辆限速，引导就近驶离高速公路<br>• 除重要领导特别紧急公务、紧急抢险救护等特殊车辆在警车带道下通行外，管制路段禁止其他各类车辆驶入高速公路<br>• 已驶入高速公路的车辆须开启危险报警闪光灯<br>• 以不超过20 km/h的速度就近驶离高速公路或进入服务区休息<br>• 实行多点分流，配合主线分流 |
| II级 | 二级 | • 利用广播、电视、可变信息情报板、手机等信息发布工具及时发布大风天气橙色预警信号，提示车辆限速、车种限行<br>• 管制路段禁止危险品运输车辆、大中型客车、三超、集装箱货车通行<br>• 管制路段临时限速40 km/h，禁止超车<br>• 可采取间断放行控制车流密度 |
| III级 | 三级 | • 利用广播、电视、可变信息情报板、手机等信息发布工具及时发布大风天气黄色预警信号，提示车种限行、车辆限速<br>• 管制路段禁止危险品运输车辆、大型客车通行<br>• 管制路段临时限速60 km/h |
| IV级 | 四级 | • 利用广播、电视、可变信息情报板、手机等信息发布工具及时发布大风天气蓝色预警信号，提示车种限行、车辆限速<br>• 管制路段临时限速80 km/h<br>• 管制路段禁止危险品运输车辆、大型客车通行 |

## 6.2.6 高温天气预警对策

高温天气的预警对策见表6.9。

表6.9 高温天气预警对策

| 风险等级 | 管控级别 | 对策措施 |
|---|---|---|
| I / II 级 | 三级 | ·利用广播、电视、可变信息情报板、手机等信息发布工具及时发布高温天气黄色预警信号<br>·在路面交通诱导屏播放或发放提示卡等形式提示驾驶人：检查轮胎、保持车速、定期休息、中午尽量避免行驶 |
| IV/III 级 | 四级 | ·利用广播、电视、可变信息情报板、手机等信息发布工具及时发布高温天气蓝色预警信号<br>·在路面交通诱导屏播放或发放提示卡等形式提示驾驶人：检查轮胎、保持车速、注意休息、避免长时间驾驶 |

# 参考文献

陈洪凯，唐红梅，2011. 川藏公路地质灾害危险性评价[J]. 公路，(9)：17—23.

狄靖月，王志，田华，等，2015. 降水引发的西南地区公路损毁风险预报方法[J]. 应用气象学报，26(3)：268-279.

郝亮，李斌，刘文峰，等，2013. 基于需求安全距离和交通流理论的速度离散对车辆行驶安全的影响[C]. 中国智能运输大会，30(5).

侯树展，孙小端，贺玉龙，等，2011. 高速公路交通事故严重程度与交通流特征的关系研究. 中国安全科学学报，21(9)：106-112.

胡江碧，李安，王维利，等，2011. 不同天气状况下驾驶员驾驶工作负荷分析基于需求安全距离和交通流理论的速度离散对车辆行驶安全的影响[J]. 北京工业大学学报，37 (4)：529-532，540.

扈海波，熊亚军，张姝丽，2010. 基于城市交通脆弱性核算的大雾灾害风险评估[J]. 应用气象学报，21(6)：732—738.

李迅，甘璐，丁德平，等，2014. G2京津冀高速公路交通气象安全指数的预报研究[J]. 气象，40 (4)：466-472.

辽宁省质量技术监督局，2010. 高速公路交通安全运营气象指标(DB21/T 1788—2010). 沈阳：辽宁省质量技术监督局.

林孝松，陈洪凯，王先进，等，2013. 重庆市涪陵区G319公路洪灾风险评估研究[J]. 长江流域资源与环境，22(2)：244—250.

林毅，李倩，张凯，等. 2018. 气象条件对辽宁省高速公路交通安全的影响研究[J]. 气象与环境学报，34(3)：106-111.

刘洪启，张巍汉，2007. 高速公路雾区安全分级控制标准和分级控制策略研究[J]. 公路，10：134—138.

刘玲仙，裴克莉，孙燕，等，2007. 气象条件和交通安全关系探讨[J]. 内蒙古气象，5：27-28.

马艳，2005. 不利气候条件下高速公路行车安全保障系统的研究[D]. 西安：长安大学.

潘娅英，朱占云，沈萍月，等，2015. 浙江省高速公路交通事故气象影响评价方法研究与应用[J]．公路，6：136-141．

宋建洋，柳艳香，田华，等，2017．影响高速公路交通的致灾大风危险性评价[J]．科技导报，35（18）：73-79．

田毕江，梁超，鲍彦莅，等，2018．山区高速公路交通事故时空分布特征与安全改善对策[J]．武汉理工大学学报（交通科学与工程版），42(6)：1014-1018．

田华，王志，戴至修，等，2018．公路积水阻断与降雨关系的探讨[J]．气象，44(5)：684-691．

王春玲，郭文利，李迅，等，2018．京津冀地区高速公路冰冻灾害风险区划[J]．气象与环境学报，34（1）：45-51．

武永峰，张勇，陈鲜艳，等．2011．湖南省公路交通暴雨风险评价研究[J]．自然灾害学报，20(5)：148-154．

邢恩辉，张明强，吴贵福，等，2010．寒地城市快速路冰雪路面交通流特性研究[J]．佳木斯大学学报：自然科学版，(2)：232-234．

徐济宣，吴纪生．2009．恶劣环境对驾驶员反应时间的影响研究[J]．交通标准化，（12）：103-106．

许秀红，闫敏慧，于震宇，等，2008．道路交通事故气象条件分析及安全等级标准—以黑龙江省为例[J]．自然灾害学报，17（4）：53-58．

严玉彬，姬社英，2008．影响交通安全的气象因素分析及防控对策[J]．气象与环境科学，31：42-43．

杨晋辉，1996．灰色理论在灾害天气与交通事故分析中的应用[J]．北京气象，2：14-15．

袁明，何政伟，张俊峰，2007．基于GIS的天山公路地质灾害危险性评价[J]．地理空间信息，5(6)：70-73．

张后发，王峰，唐伯波，等，2002．浓雾中安全车速的计算[J]．陕西气象，（12）：103-106．

张景华，贺敬安，2003．西宁地区交通安全天气指数的研究[J]．青海科技，5：35-39．

张丽君，2006．灾害性天气高速公路行车控制标准研究[D]．上海：同济大学交通运输工程学院．

张铁军，唐铮铮，康云霞．山区双车道公路交通组成中货车比例对安全影响研究[C]．国际汽车交通安全学术会议．2009．

钟连德，孙小端，陈永胜，2007a．高速公路V/C与事故率关系研究[J]．北京工业大学学报，（01）：33-40．

钟连德，孙小端，陈永胜，等，2007b. 高速公路大、小车速度差与事故率德关系[J]. 北京工业大学学报，33（2）：185-188.

Agarwal P K, Patil P K, Mehar R, 2013. A Methodology for Ranking Road Safety Hazardous Locations Using Analytical Hierarchy Process[J]. Procedia - Social and Behavioral Sciences, 104: 1030-1037.

Burchett J L, Rizenbergs R L, 1982. Frictional performance of pavements and estimates of accident probability[M]//Hayden C. Pavement Surface Characteristics and Materials. West Conshohocken: ASTM Special Technical Publications: 73-97.

Call D A, 2011. The Effect of Snow on Traffic Counts in Western New York State[J]. Weather, Climate, and Society, 3(2): 71-75.

Cheng W, Gill G S, Sakrani T, et al, 2017. Predicting motorcycle crash injury severity using weather data and alternative Bayesian multivariate crash frequency models[J]. Accident Analysis & Prevention, 108: 172-180.

Datla S, Sharma S, 2008. Impact of cold and snow on temporal and spatial variations of highway traffic volumes[J]. Journal of Transport Geography, 16(5): 358-372.

Edwards J B, 1996. Weather-related road accidents in England and Wales: a spatial analysis[J]. Journal of Transport Geography, 4(3): 201-212.

Effati M, Rajabi M A, Samadzadegan F, et al, 2012. Developing a novel method for road hazardous segment identification based on fuzzy reasoning and GIS[J]. Journal of Transportation Technologies, 2(1): 32-40.

Eisenberg D, 2004. The mixed effects of precipitation on traffic crashes[J]. Accident Analysis and Prevention, 36(4): 637-647.

Erdogan S, Yilmaz I, Baybura T, et al, 2008. Geographical information systems aided traffic accident analysis system case study: city of Afyonkarahisar[J]. Accident Analysis & Prevention, 40(1): 174-181.

Hassan Y A, Barker D J, 1999. The impact of unseasonable or extreme weather on traffic activity within Lothian region, Scotland[J]. Journal of Transport Geography, 7(3): 209-213.

Hemingway R, Robbins J, Mooney J, 2014. A probabilistic vehicle overturning module: Assessing the risk of disruption due to vehicles overturning on the UK road network during high wind events[EB/OL]. Atlanta, GA, USA: 94th American Meteorological Society Annual Meeting. https: //ams. confex. com/ams/94Annual/webprogram/Manuscript/Paper231002/AMS_Full_Extended_Abstract. pdf.

Ibrahim A T, Hall F L, 1994. Effect of adverse weather conditions on speed-flow-occupancy relationships[J]. Transportation Research Record, 1457(1): 184-191.

Jaroszweski D, Mcnamara T, 2014. The influence of rainfall on road accidents in urban areas: A weather radar approach[J]. Travel Behaviour and Society, 1(1): 15-21.

Jones E R, Goolsby M E, Brewer K A, 1970. The Environmental Influence of Rain on Freeway Capacity[J]. Highway Research Record, 321: 74-82.

Keay K, Simmonds I, 2005. The association of rainfall and other weather variables with road traffic volume in Melbourne, Australia[J]. Accident Analysis & Prevention, 37(1): 109-124.

Knapp K K, Smithson L D, 2000. Winter storm event volume impact analysis using multiple-source archived monitoring data[J]. Transportation Research Record: Journal of the Transportation Research Board, 1700(1): 10-16.

Kyte M, Khatib Z, Shannon P, et al, 2000. Effect of weather on free-Flow speed[J]. Transportation Research Record: Journal of the Transportation Research Board, 2001, 1776(1): 60-68.

Maze T H, Agarwal M, Burchett G, 2006. Whether weather matters to traffic demand, traffic safety, and traffic operations and flow[J]. Transportation Research Record: Journal of the Transportation Research Board, 1948(1): 170-176.

Michaelides S, Leviäkangas P, Doll C, et al, 2014. Foreward: EU-funded projects on extreme and high-impact weather challenging European transport systems[J]. Natural Hazards, 72(1): 5-22.

Prevedouros P D, Chang K, 2005. Potential effects of wet conditions on signalized intersection LOS[J]. Journal of Transportation Engineering, 131(12): 898-903.

Ries G L, 1981. Impact of Weather on Freeway Capacity[R]. Minneapolis, MN: Office of Traffic Engineering, Minnesota Department of Transportation.

Schlösser L H M, 1976. Traffic accidents and road surface skidding resistance[J]. Transportation Research Record, 623: 11-20.

Sherretz L A, Farhar B C, 1978. An analysis of the relationship between rainfall and the occurrence of traffic accidents[J]. Journal of Applied Meteorology, 17(5): 711-715.

Snæbjörnsson J T, Baker C J, Sigbjörnsson R, 2007. Probabilistic assessment of road vehicle safety in windy environments[J]. Journal of Wind Engineering and Industrial Aerodynamics, 95(9/11): 1445-1462.

Snowden R J, Stimpson N, Ruddle R A, 1998. Speed perception fogs up as visibility drops[J]. Nature, 6675(392): 450.

Steenberghen T, Dufays T, Thomas I, et al, 2004. Intra-urban location and clustering of road accidents using GIS: a Belgian example[J]. International Journal of Geographical Information Science, 18(2): 169-181.

Suggett J, 1999. The effect of precipitation on traffic safety in the city of Regina[D]. Saskatoon: University of Regina.

TameriusJ D, Zhou X, Mantilla R, et al, 2016. Precipitation Effects on Motor Vehicle Crashes Vary by Space, Time, and Environmental Conditions[J]. Weather, Climate, and Society, 8(4): 399-407.

Usman T, Fu L P, Miranda-Moreno L, 2012. Accident prediction models for winter road safety: does temporal aggregation of data matter?[J]. Transportation Research Record: Journal of the Transportation Research Board, 2237(1): 144-151.

Xu C C, Wang C, Liu P, 2018. Evaluating the combined effects of weather and real-time traffic conditions on freeway crash risks[J]. Weather, Climate, and Society, 10(4): 837-850.

Yuan J H, Abdel-Aty M, Wang L, et al, 2018. Real-time crash risk analysis of urban arterials incorporating bluetooth, weather, and adaptive signal control data[C]//Proceedings of Transportation Research Board 97th Annual Meeting. Washington D. C. : University of Central Florida.